药用植物学实验指导

主　编　朱　丹　韦妍妍　李　琼

编　委（按姓名汉语拼音排序）

陈露英　康　亮　李　琼　韦妍妍

许亚楠　周　云　朱　丹

科学出版社

北　京

内 容 简 介

本教材主要由两部分组成。第一部分为药用植物学实验，包含13个实验，内容主要有植物的细胞、植物的组织、植物营养器官、植物繁殖器官、植物分类学实验和植物标本采集与制作等内容。第二部分为附录，主要包括显微镜的构造和使用、显微制片方法、显微绘图技术、实验试剂配制、被子植物重要科特征、植物形态特征描述的科学术语、植物检索表的编制与应用、药用植物学综合试卷等内容。本教材在传统的药用植物学实验内容基础上，融入西南地区特色植物作为教学材料，具有一定的区域特色。

本教材可供药学、中药学等相关专业本科生或高职生使用，也可作为研究生和中药相关科研工作者的参考用书。

图书在版编目（CIP）数据

药用植物学实验指导/朱丹，韦妍妍，李琼主编. —北京：科学出版社，2022.10

ISBN 978-7-03-073506-5

Ⅰ.①药… Ⅱ.①朱… ②韦… ③李… Ⅲ.①药用植物学-实验-教材 Ⅳ.① Q949.95-33

中国版本图书馆CIP数据核字（2022）第190260号

责任编辑：张天佐/责任校对：宁辉彩
责任印制：赵 博/封面设计：陈 敬

科学出版社 出版
北京东黄城根北街16号
邮政编码：100717
http://www.sciencep.com
北京九州迅驰传媒文化有限公司印刷
科学出版社发行 各地新华书店经销
*
2022年10月第 一 版 开本：787×1092 1/16
2024年 2 月第三次印刷 印张：6 1/2
字数：160 000

定价：39.80元
（如有印装质量问题，我社负责调换）

前　言

药用植物学是一门理论性、实践性、直观性很强的课程，其实验教学与理论教学既紧密联系，又有其相对独立性。学生实验能力的培养和实验技能的掌握是教学中的重要环节。《药用植物学实验指导》教材的编写坚持了科学性、先进性、适用性和准确性的原则，并融入了近年来药用植物学教学改革和学术进展新成果，注重教材的创新性、实践性和综合性，是药学、中药学等专业的实验教材，并可作为研究生和中药相关从业者的参考用书。

本教材分为两部分内容。第一部分为药用植物学实验，包括植物形态学和解剖学实验、植物分类学实验和校内外见习及植物标本采集与制作等内容。第二部分为附录，主要包括显微镜的构造和使用、显微制片方法、显微绘图技术、实验试剂配制、被子植物重要科特征、植物形态特征描述的科学术语、植物检索表的编制与应用、药用植物学综合试卷等内容。本教材在传统的药用植物学实验内容基础上，融入西南地区特色植物作为教学材料，具有一定的区域特色。

由于编者水平有限，本教材中的疏漏之处在所难免，敬请广大师生和同行提出宝贵意见，以便修订完善。

编　者

2022年1月

目　录

实验一　植物的细胞

【目的与要求】

1. 准确理解植物细胞基本结构。

2. 能够识别植物细胞质体形态。

3. 学会判断淀粉粒、糊粉粒、草酸钙结晶、碳酸钙结晶等细胞后含物类型。

4. 学会用植物绘图方法绘制各类形态示意图。

【仪器与试剂】

光学显微镜、蒸馏水、载玻片、盖玻片、镊子、解剖针、刀片、培养皿、吸水纸、碘液。

【实验材料】

洋葱（*Allium cepa*）、番薯（*Ipomoea batatas*）叶、菜椒（*Capsicum annuum*）、紫竹梅（*Tradescantia pallida*）叶、马铃薯（*Solanum tuberosum*）、蓖麻（*Ricinus communis*）种子、掌叶大黄（*Rheum palmatum*）根茎粉末、雅榕（*Ficus concinna*）叶。

【实验内容】

（一）观察植物细胞基本结构

植物细胞由细胞壁（cell wall）、细胞质（cytoplasm）和细胞核（cell nucleus）组成。在细胞质中还有细胞器（organelle）和后含物（ergastic substance）等。

取洋葱鳞叶，在鳞叶内侧用镊子撕取一小块（0.5cm×0.5cm）内表皮，叶肉面朝下置于载玻片上预先滴好的蒸馏水中。盖上盖玻片，轻轻敲击除去气泡。吸水纸吸去周围多余水分，置于显微镜下观察。缩小光圈或降低光线亮度，才可以观察并区分洋葱鳞叶表皮细胞细胞壁、细胞质、细胞核和液泡（vacuole）（图 1-1）。

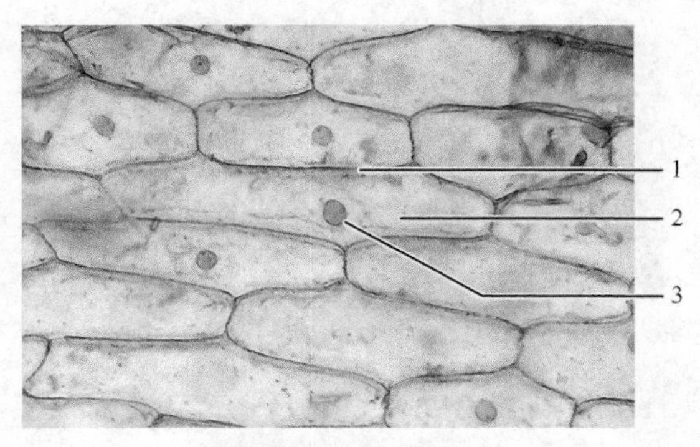

图 1-1　洋葱鳞叶表皮细胞（400×）

1. 细胞壁；2. 细胞质；3. 细胞核

（二）观察植物细胞质体形态

质体（plastid）是真核细胞中所特有的细胞器，呈药片状、盘状或球形，表面有 2 层膜，其功能与能量代谢、营养储存和植物的繁殖都有密切关系。质体大体可分三大类，即叶绿体、有色体和白色体。

1. 叶绿体（chloroplast） 含有绿色色素（主要为叶绿素 a、叶绿素 b）的质体，为绿色植物进行光合作用的场所，存在于高等植物叶肉、幼茎的一些细胞内，藻类细胞中也含有。叶绿体的形状、数目和大小随不同植物和细胞而异。

将番薯叶揉搓在载玻片上，观察到有绿色汁液残留后，滴加蒸馏水并盖上盖玻片制成

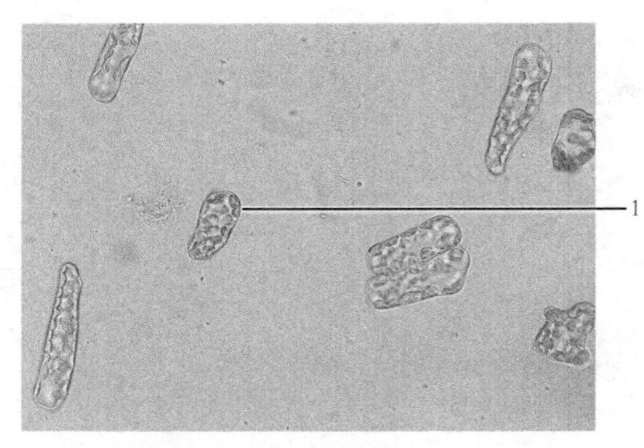

图 1-2　番薯叶叶绿体（400×）
1. 叶绿体

临时水装片，观察番薯叶叶肉细胞中的叶绿体（图 1-2）。

2. 有色体（chromoplast） 只含有叶黄素和胡萝卜素，由于二者比例不同，可分别呈黄色、橙色或橙红色。它存在于花瓣和果实中，在菜椒（红色）果肉细胞中可以看到。可以使植物的花和果实呈红色或橘黄色。有色体主要功能是积累淀粉和脂类。

用解剖针挑取或用镊子夹取菜椒果肉细胞，在载玻片上均匀碾碎后制作水装片，观察细胞内红黄色的短棒状有色体颗粒（图 1-3）。

3. 白色体（leucoplast） 不含可见色素，又称无色体。多存在于植物的分生组织和储藏组织中，分布在植物体内不见光的部位，具有储藏淀粉、蛋白质和油脂的功能。

取紫竹梅嫩叶，在叶内侧用镊子撕取一小块（0.5cm×0.5cm）内表皮，叶肉面朝下制备临时水装片。可观察到紫竹梅叶表皮细胞中无色小颗粒，通常聚集在细胞核周围，即为白色体（图 1-4）。

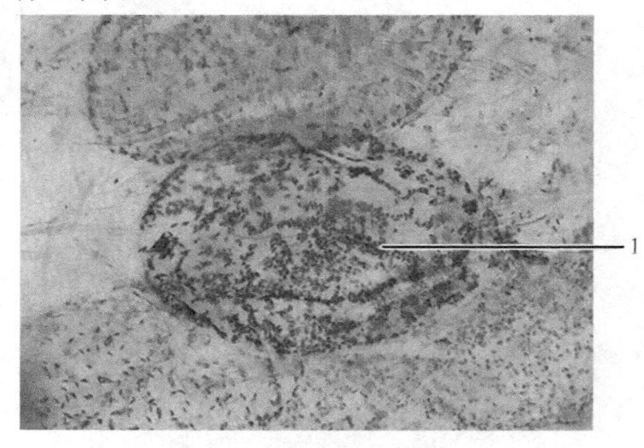

图 1-3　菜椒有色体（400×）
1. 有色体

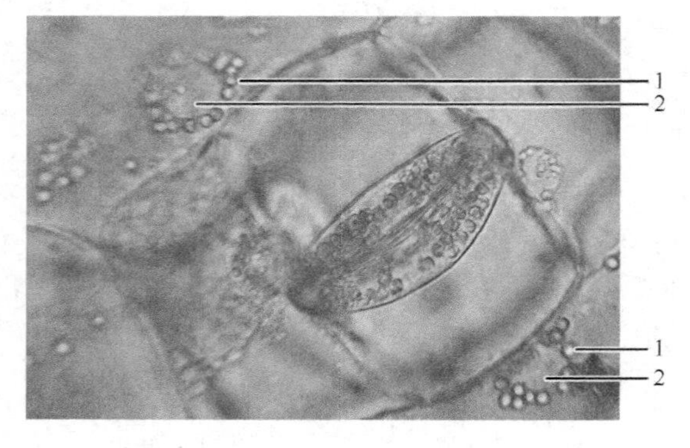

图 1-4　紫竹梅叶表皮细胞（400×）
1. 白色体；2. 细胞核

（三）观察植物细胞后含物形态

后含物是原生质体新陈代谢的产物，是细胞中无生命的物质。后含物一部分是储藏的营养物质，一部分是细胞不能再利用的废物。后含物的种类很多，包括淀粉、蛋白质、脂质、单宁及各种形态的结晶等。这些物质可能分布在细胞壁、细胞质基质或细胞器中。

1. 淀粉粒（starch grain） 是葡萄糖分子聚合而成的长链化合物，它是细胞中碳水化合物最普遍的储藏形式。在形态上分为单粒淀粉粒、复粒淀粉粒和半复粒淀粉粒。

用刀片刮取马铃薯的汁液少许，制作临时水装片。观察马铃薯淀粉粒脐点（hilum）和层纹（annular striation）的位置和形状；判断其是否具有单粒淀粉（simple starch grain）、复粒淀粉（compound starch grain）及半复粒淀粉（half compound starch grain）。再在盖玻片一端加碘液 1 滴，用吸水纸在另一端吸去液体，观察淀粉粒颜色变化情况（图 1-5）。

2. 储藏蛋白质（storage proteins） 可分为结晶形或无定形。结晶形的蛋白质称为蛋白质拟晶体；无定形的蛋白质常被一层膜包裹成圆球状的颗粒，称为糊粉粒（aleurone grain）。糊粉粒较多地分布于植物种子的胚乳或子叶中，有时它们集中分布在某些特殊的细胞层，如谷类种子胚乳最外面的一层或几层细胞，含有大量糊粉粒，称为糊粉层。

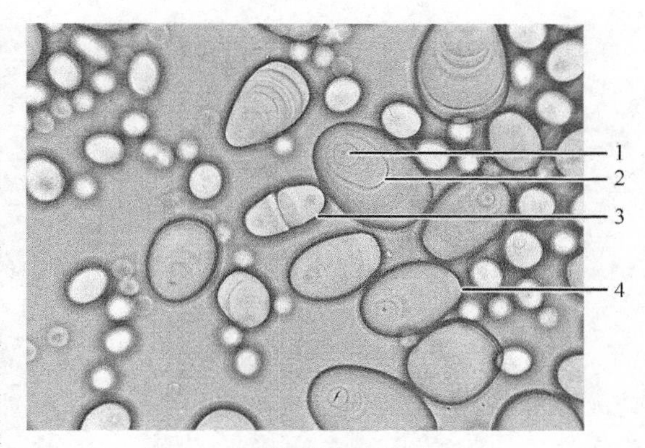

图 1-5　马铃薯淀粉粒（400×）

1. 脐点；2. 层纹；3. 复粒；4. 单粒

蓖麻种子粉碎后，取碎片制作 95% 乙醇装片，可观察到细胞内存在众多糊粉粒。在盖玻片一端加碘液 1 滴，用吸水纸在另一端吸去液体，可以观察到糊粉粒位于液泡内，仔细观察可发现有糊粉粒以多角形的蛋白质拟晶体和圆球形的磷酸盐球形体（globoid）两种不同的晶体存在。加碘液后蛋白质拟晶体变黄，磷酸盐球形体仍为无色。

3. 晶体（crystal） 植物体内的无机盐形成各种结晶，其中大多数是草酸钙结晶。结晶是由细胞代谢废物沉积而成的，代谢废物形成晶体后便避免了对细胞的毒害。

草酸钙结晶（calcium oxalate crystal）根据形状可以分为单晶、针晶、簇晶、砂晶、柱晶等。取中药掌叶大黄根茎粉末少许，制备成临时水装片，置于显微镜下观察，可观察到大量呈菊花样的草酸钙簇晶（图 1-6）。

碳酸钙结晶（calcium carbonate crystal）多存在于桑科、荨麻科、爵床科等植物叶的表层细胞中，其一端与细胞壁连接，形状如一串悬垂的葡萄，形成钟乳体。取雅榕叶进行徒手切片，切取下的横切面取薄者制作临时水装片，置于显微镜下观察，可观察到雅榕叶片上表皮细胞中内嵌有碳酸钙结晶，形状如悬垂的葡萄，形成钟乳体（图 1-7）。

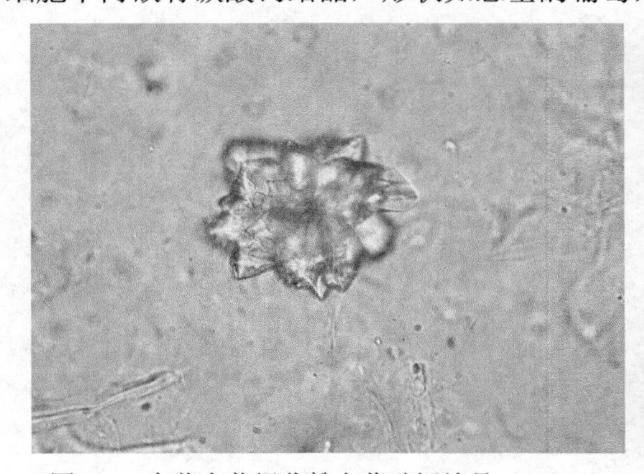
图 1-6　中药大黄根茎粉末草酸钙结晶（400×）

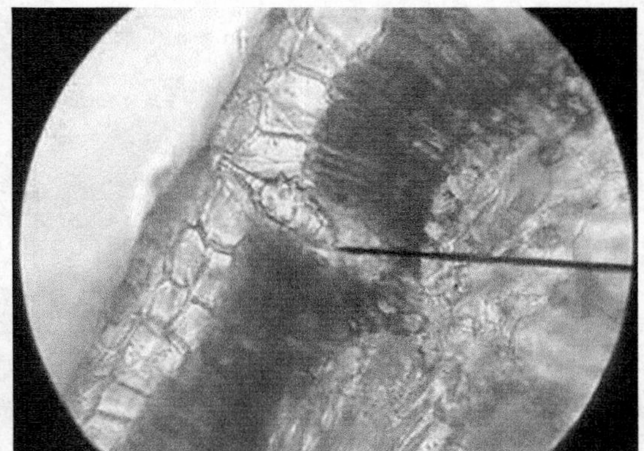
图 1-7　雅榕叶片碳酸钙结晶（指针处）（400×）

【作业】

1. 绘洋葱表皮细胞的形态示意图，按绘图要求注明各结构名称。

2. 绘三种质体（叶绿体、有色体、白色体）图，并注明材料来源名称。

3. 绘淀粉粒图，并注明材料来源名称。

4. 绘草酸钙及碳酸钙结晶图，并注明材料来源名称。

【思考题】

1. 细胞后含物都有哪些特定的鉴别方法？

2. 怎样区分淀粉粒与糊粉粒？

3. 怎样区分草酸钙和碳酸钙结晶？

4. 植物细胞后含物在植物科属鉴定和中药材显微鉴定中有何意义？

实验二　植物的组织

【目的与要求】

1. 巩固显微镜的使用方法。

2. 能够辨别分生组织的位置以及功能。

3. 可以识别植物体各种成熟组织的分布以及功能。

4. 列举不同组织细胞的结构特点。

【仪器与试剂】

光学显微镜、蒸馏水、载玻片、盖玻片、镊子、解剖针、刀片、培养皿、吸水纸、10%硝酸溶液等。

【实验材料】

姜（*Zingiber officinale*）根茎、大豆（*Glycine max*）的胚根、甘薯（*Dioscorea esculenta*）叶、旱芹（*Apium graveolens*）叶柄、柑橘（*Citrus reticulata*）果实、白梨（*Pyrus bretschneideri*）果实、洋葱（*Allium cepa*）根尖纵切片、南瓜（*Cucurbita moschata*）茎横切片和纵切片、菖蒲（*Acorus calamus*）根茎横切片、粗茎鳞毛蕨（*Dryopteris crassirhizoma*）根茎横切片。

【实验内容】

（一）分生组织

取洋葱根尖纵切永久制片先在低倍镜下找到分生区并移至视野中央，再转换至高倍镜观察，洋葱根尖自下而上依次是根冠、分生区、伸长区和成熟区。观察分生区细胞形态，原分生组织在根的生长点最先端，细胞体积小、细胞壁薄、细胞质浓、细胞核大，无液泡或具多数小液泡，细胞为等径的多面体。原分生组织后方区域是初生分生组织，二者之间无明显界限。注意其细胞的形状及长宽比例（图2-1）。

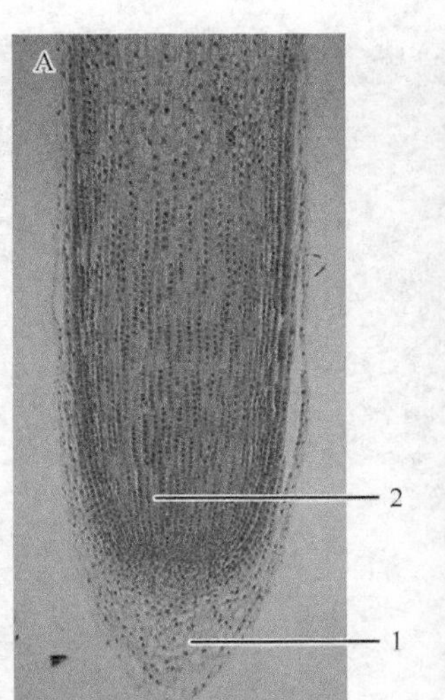

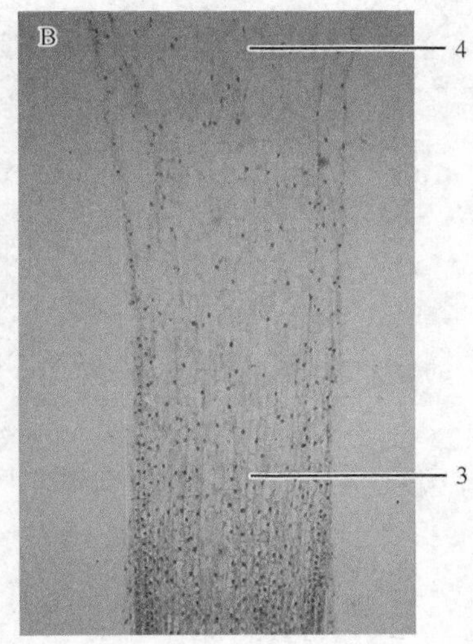

图2-1　洋葱根尖纵切面（A：根尖尖端，B：根尖上端；A、B均为400×）

1. 根冠；2. 分生区；3. 伸长区；4. 成熟区

（二）保护组织

取甘薯叶片，用镊子撕取下一小块下表皮，制作临时水装片，用显微镜观察（图2-2）。

甘薯叶表皮细胞彼此相互镶嵌，侧壁呈波浪状，在表皮细胞之间分布有许多气孔器。每个气孔器由两个肾形保卫细胞和气孔组成。保卫细胞中含有叶绿体。气孔周围有副卫细胞2个，其长轴与气孔长

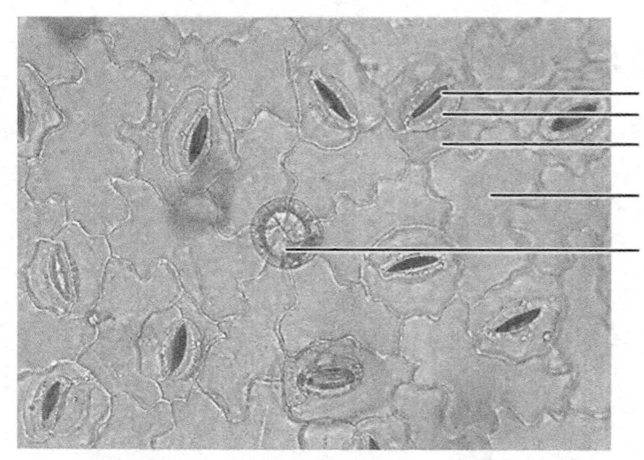

图 2-2 甘薯叶表皮细胞（400×）
1. 气孔；2. 保卫细胞；3. 副卫细胞；4. 表皮细胞；5. 腺鳞

轴平行。

腺鳞是一种特殊的腺毛，腺头是由6～8个分泌细胞呈辐射状排列组成，具明显的角质层，极短的腺柄由单细胞组成。

（三）机械组织

1. 厚角组织 取新鲜的旱芹叶柄为实验材料，作徒手横切片，要求所切下的材料一定要薄，制作水装片观察。

显微镜下可见旱芹叶柄的棱角处细胞的角隅处增厚明显，此处即为厚角组织（图 2-3）。

厚角组织可存在于植物的幼茎和叶柄内，特别是棱角处更为多见。厚角组织细胞多为活细胞，它们的特点是细胞壁呈不均匀的增厚，这些细胞壁主要由纤维素组成，细胞壁具有弹性而硬度不强。

2. 厚壁组织 厚壁组织细胞的特征是细胞壁全面显著地木质化增厚，常见层纹和纹孔，细胞腔较小，是无生活的原生质的死亡细胞。根据其形态又可分为纤维和石细胞。

石细胞广泛分布于植物体，并有各种各样的形状，这些细胞有较厚的次生壁并强烈地木质化，有许多的单纹孔或分枝的纹孔道。石细胞形态变化较大，分布较普遍，因此常作为中药鉴定的重要依据。

在新鲜白梨果肉靠近中部的部分挑取一块沙粒状的组织置于载玻片上，用镊子将其压碎，制作临时水装片，观察其石细胞形状。石细胞为多边形，细胞壁异常加厚，细胞腔很小，具有明显的纹孔道（图 2-4）。

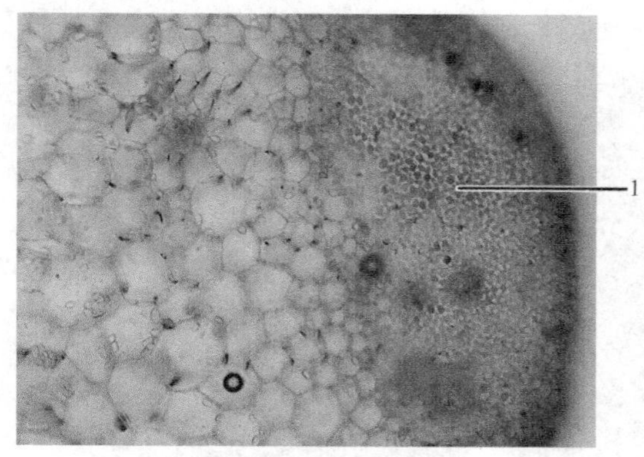

图 2-3 旱芹叶柄的厚角组织（400×）
1. 厚角组织

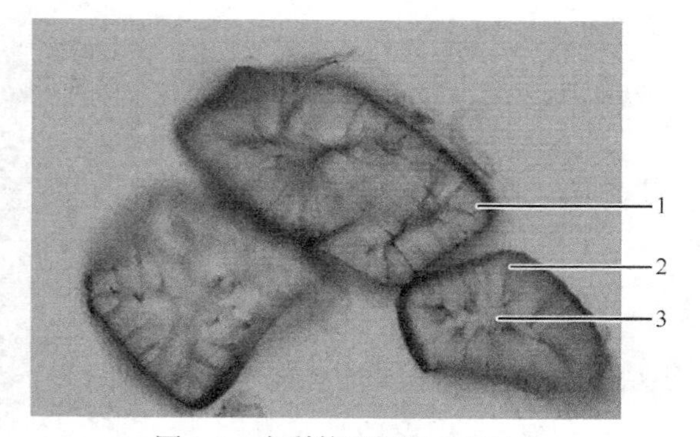

图 2-4 白梨的石细胞（400×）
1. 增厚的细胞壁；2. 纹孔道；3. 细胞腔

（四）输导组织

1. 导管和管胞

（1）取南瓜茎纵切永久制片观察，在显微镜低倍镜下可观察到被染成红色的、具有各种花纹的成串管状细胞，它们是多种类型的导管。每个导管分子，均以端壁形成的穿孔相互连接，上下贯通。高倍镜下可见导管依花纹不同区分为环纹导管和网纹导管。前者管径较小，细胞壁具有环状加厚并木质化的次生壁；后者管径较大，具有网状加厚并木质化的次生壁（图 2-5）。

（2）取大豆发芽后的胚根提前用 10% 硝酸溶液浸泡。浸泡后，用清水洗净，压碎，用临时水装片法在显微镜下观察各种类型的导管，如螺纹导管、环纹导管、梯纹导管，有的也可观察到网纹导管及孔纹导管。注意导管的先端常有穿孔板，以此区别管胞（图 2-6）。

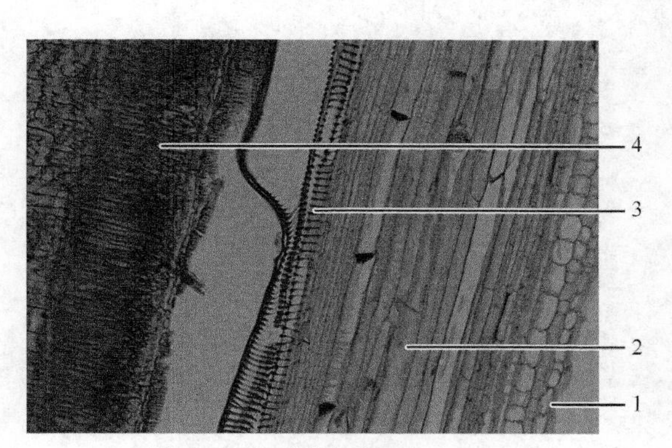

图 2-5　南瓜茎纵切面（400×）
1. 表皮；2. 筛管；3. 环纹导管；4. 网纹导管

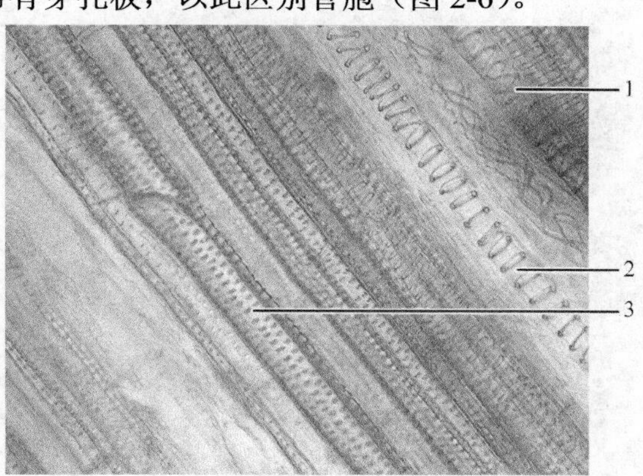

图 2-6　大豆胚根的导管（400×）
1. 螺纹导管；2. 环纹导管；3. 梯纹导管

2. 筛管和伴胞　取南瓜茎纵切片观察。在木质部的两侧找到被染成蓝色的韧皮部，在此处可见一些口径较大的长管状细胞，即为筛管细胞。筛管细胞也是上下相连，高倍镜下可见连接的端壁所在处稍微膨大、染色较深，即为筛板，有些还可见到筛板上的筛孔。筛管无细胞核，其细胞质常收缩成一束，离开侧壁，两端较宽，中间较窄，这就是通过筛孔的原生质丝，原生质丝比胞间连丝粗大，特称为联络索。在筛管旁边紧贴着一至几个染色较深、细长的伴胞。伴胞细胞质浓，具细胞核。

（五）分泌组织

1. 油细胞　取新鲜姜的根茎作徒手切片，制成临时水装片，用显微镜观察，可见在薄壁细胞之间，杂有许多类圆形的油细胞，胞腔内含淡绿黄色挥发性油滴（图 2-7）。

2. 分泌腔　取柑橘的果皮作徒手切片，制成临时水装片，用显微镜观察。观察果皮的分泌腔内是否有破碎的细胞或分泌物存在，分辨其是溶生性分泌腔还是离生性分泌腔（图 2-8）。

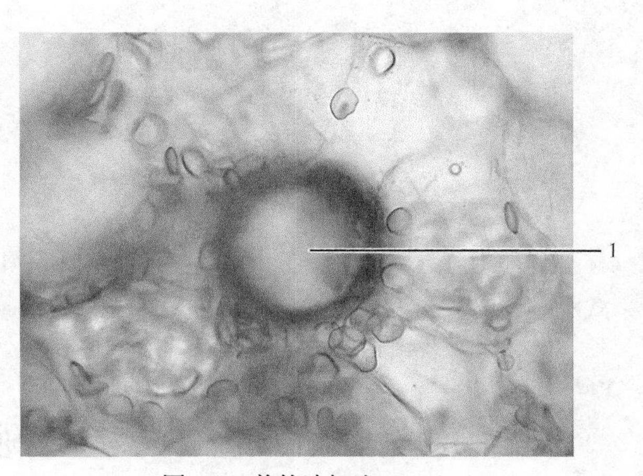

图 2-7　姜的油细胞（400×）
1. 油细胞

（六）维管束

维管束主要由韧皮部和木质部构成。根据维管束中韧皮部和木质部相互间排列方式的不同，以及形成层的有无，维管束可分为下列几种类型：有限外韧维管束、无限外韧维管束、双韧维管束、周韧维管束、周木维管束、辐射维管束。

观察粗茎鳞毛蕨根茎横切片、菖蒲根茎横切片、南瓜茎横切片的形态特征，辨别其维管束类型（图 2-9 ～图 2-11）。

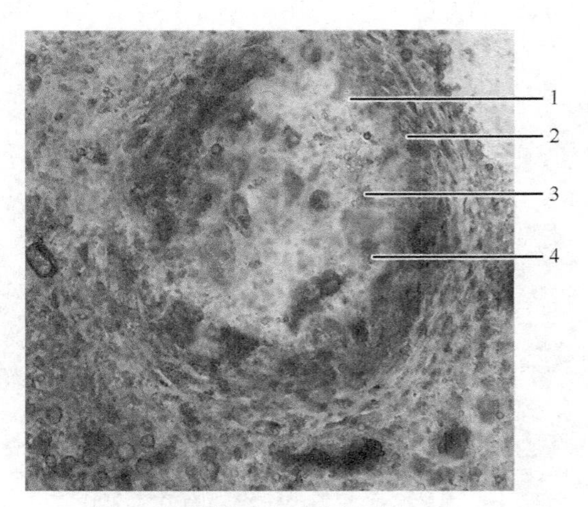

图 2-8　柑橘果皮的分泌腔（400×）

1. 分泌腔；2. 分泌细胞；3. 细胞碎片；4. 分泌物

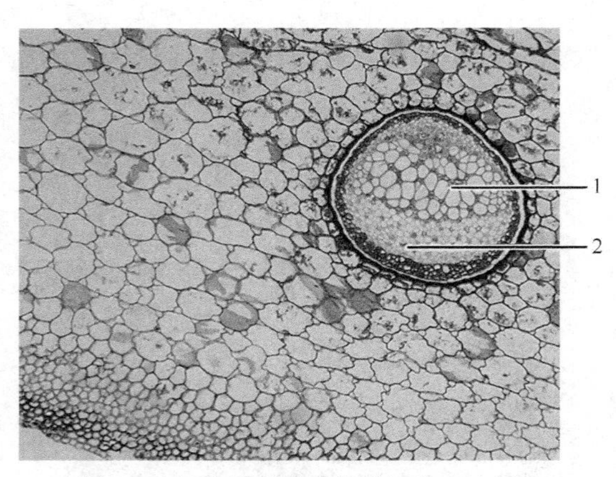

图 2-9　粗茎鳞毛蕨根茎横切片（400×）

1. 木质部；2. 韧皮部

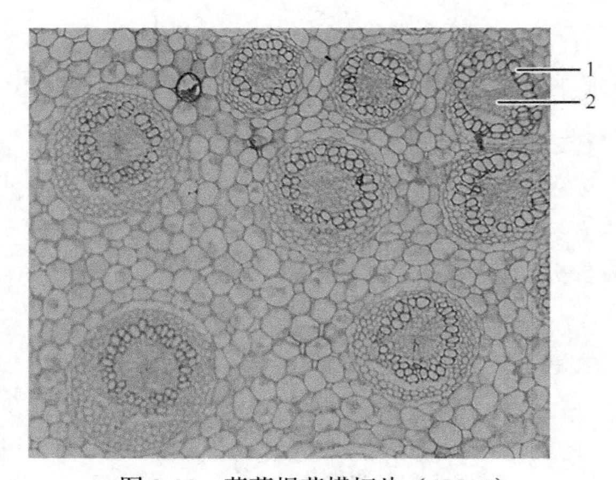

图 2-10　菖蒲根茎横切片（400×）

1. 木质部；2. 韧皮部

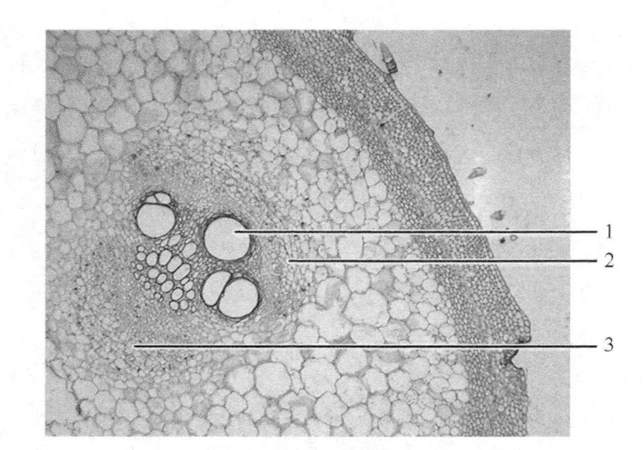

图 2-11　南瓜茎横切片（100×）

1. 木质部；2、3 均为韧皮部

【作业】

1. 绘甘薯叶下表皮细胞图，包括气孔、保卫细胞、副卫细胞及腺鳞。写出甘薯叶气孔轴式类型。

2. 绘姜的油细胞。

3. 绘柑橘果皮的分泌腔。

4. 绘旱芹叶柄横切面四分之一详图，并标明厚角组织所在的位置。

5. 绘白梨的石细胞。

6. 绘大豆胚根中各种导管的形态（至少 3 种）。

7. 绘南瓜茎中一个维管束的详图。

【思考题】

1. 什么是组织？植物的组织分为哪几大类型？
2. 表皮与周皮有何异同？
3. 厚角组织有何特征？
4. 何谓分泌组织？其分为哪两大类型？
5. 什么是输导组织？分为哪两大类型？各类型的主要功能是什么？
6. 何谓维管束？它是由什么组织组成的？有哪些类型？

实验三　植物营养器官——根的形态与结构

【目的与要求】

1. 通过学习根的构造，能够识别双子叶植物根的初生构造、次生构造和单子叶植物根的构造特点。

2. 能够区别单子叶植物根、双子叶植物根的初生结构和次生结构。

3. 能够应用根的异常构造特点对植物进行鉴别。

【仪器与试剂】

光学显微镜、蒸馏水、载玻片、盖玻片、镊子、解剖针、刀片、培养皿、吸水纸、擦镜纸等。

【实验材料】

蚕豆（*Vicia faba*）幼根、毛茛（*Ranunculus japonicus*）根、葡萄（*Vitis vinifera*）根、鸢尾（*Iris tectorum*）根、石菖蒲（*Acorus tatarinowii*）根茎，何首乌（*Polygonum multiflorum*）、牛膝（*Achyranthes bidentata*）、川牛膝（*Cyathula officinalis*）、商陆（*Phytolacca acinosa*）、黄芩（*Scutellaria baicalensis*）、甘松（*Nardostachys jatamansi*）根横切片。

【实验内容】

（一）双子叶植物根的初生构造

取蚕豆幼根、毛茛根横切片，置于显微镜下，从外到内进行观察（图 3-1、图 3-2）。

1. 表皮（epidermis） 为最外一层排列较整齐的细胞，在根毛区常有一些表皮细胞向外突出，形成根毛，表皮细胞在根加粗过程中，常被破坏。

2. 皮层（cortex） 位于表皮内方，占根的大部分。由多层排列疏松的薄壁细胞组成。紧靠表皮内方的一层细胞，排列整齐，并略呈切向延长，称外皮层。皮层最内方一层细胞，排列较紧密，凯氏点明显可见，称内皮层。外皮层和内皮层之间的多列细胞为皮层薄壁细胞，其内充满类球形的淀粉粒。

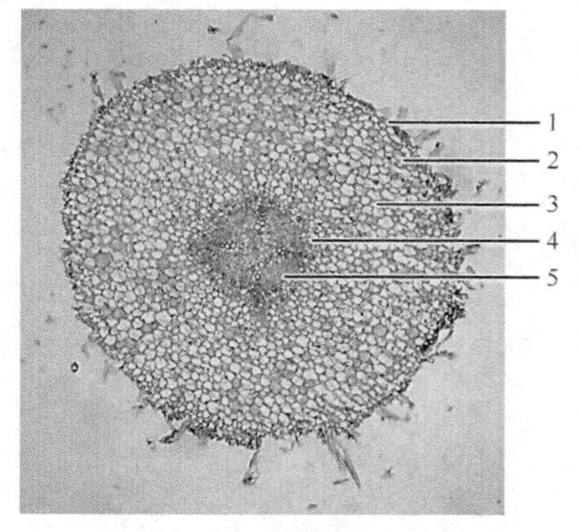

图 3-1　蚕豆幼根横切面（64×）
1. 表皮；2. 外皮层；3. 皮层薄壁组织；4. 内皮层；5. 中柱

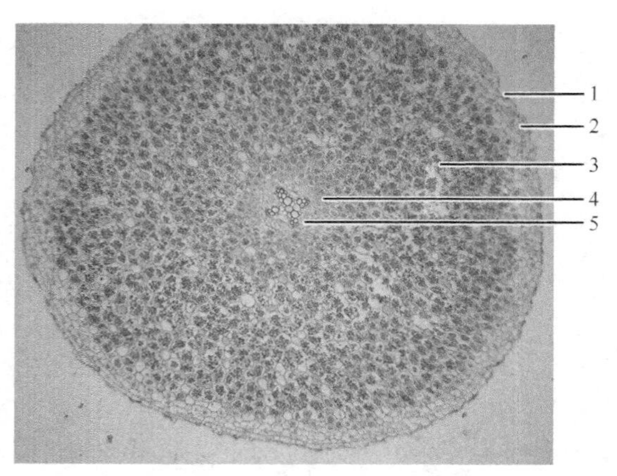

图 3-2　毛茛根横切面（64×）
1. 表皮；2. 外皮层；3. 皮层薄壁组织；4. 内皮层；5. 中柱

3. 维管束（vascular bundle） 为内皮层以内的所有组织，占根的小部分，包括中柱鞘、木质部和韧皮部。

4. 中柱鞘（pericycle） 为紧贴内皮层的一层薄壁细胞。

5. 木质部（xylem）和韧皮部（phloem） 初生木质部有四束，为四原型。初生韧皮部位于两初生木质部束之间，与初生木质部相间排列，呈辐射状。

（二）双子叶植物根的次生构造

取葡萄根横切片，置于显微镜下观察（图 3-3）。

1. 木栓层 由数列排列整齐的长方形的木栓细胞组成。

2. 栓内层 为数列切向延长的大型薄壁细胞。

3. 周皮 木栓层、木栓形成层、栓内层三者合称周皮。

4. 皮层 细胞排列紧密、整齐，无胞间隙。

5. 次生韧皮部 较宽，由筛管和伴胞、韧皮纤维、薄壁细胞等组成，其中散有类圆形的分泌管。韧皮射线弯曲，易与韧皮部组织分离而出现大型裂隙。

6. 形成层（区） 呈环状，由排列紧密的扁平细胞组成。

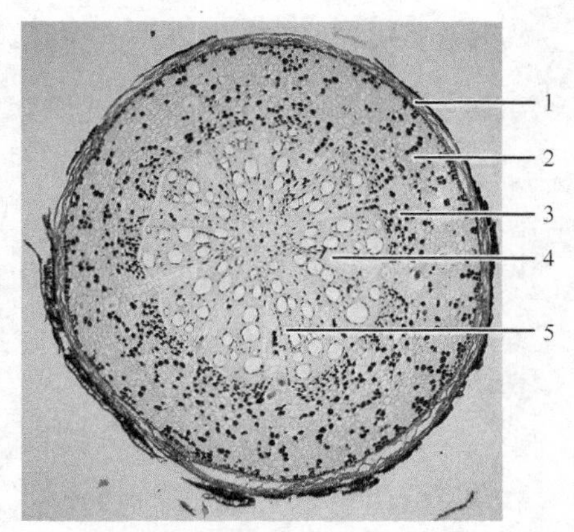

图 3-3　葡萄根横切面（64×）

1. 周皮；2. 基本组织；3. 次生韧皮部；4. 射线；5. 次生木质部

7. 次生木质部 位于形成层的内方，由导管、木薄壁细胞、木纤维组成。韧皮射线与木射线相连接，合称维管射线，多为单列薄壁细胞，与初生木质部辐射棱相连的射线较宽，常由多列薄壁细胞组成。

（三）单子叶植物根的构造

取鸢尾根横切片，置于显微镜下观察（图 3-4）。

1. 根被 由 3 ～ 4 列细胞组成，细胞壁木栓化。

2. 皮层 占根的大部分，由薄壁细胞组成。皮层的最外一列细胞略呈方形，排列整齐，为外皮层，皮层的最内一列细胞较小，扁长形，可见凯氏点，为内皮层。

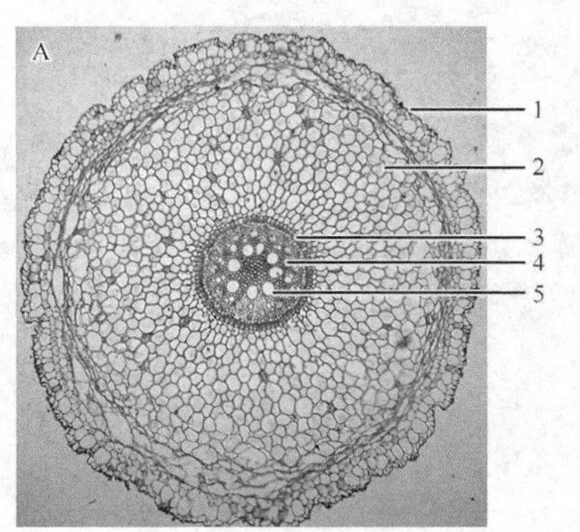

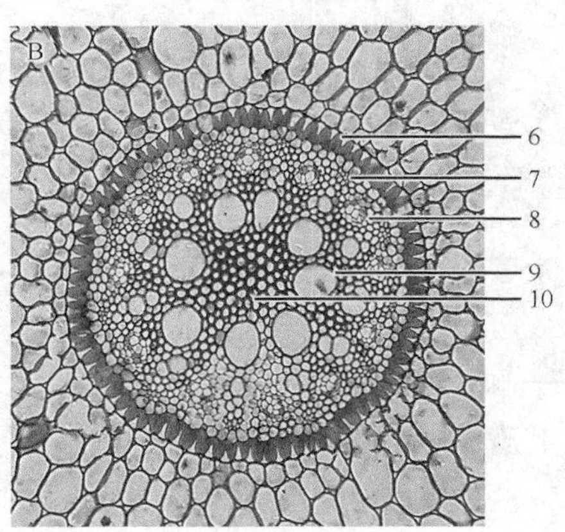

图 3-4　鸢尾根的横切面（A：64×；B：160×）

1. 根被；2. 皮层薄壁组织；3. 内皮层；4. 初生韧皮部；5. 初生木质部；6. 马蹄形细胞；7. 中柱鞘；8. 初生韧皮部；9. 初生木质部；10. 髓

3. 中柱 又称维管柱，为内皮层以内的所有组织，占根的小部分，包括中柱鞘、木质部、韧皮部和髓。

4. 中柱鞘 在内皮层内侧，由 1 ～ 2 列小型的薄壁细胞组成。

5. 木质部和韧皮部 初生木质部辐射状位于根中央，初生韧皮部分布于初生木质部辐射角之间，与其相间排列。初生韧皮部由原生韧皮部和后生韧皮部组成。

6. 髓 位于维管柱的中央，由排列疏松的薄壁细胞组成。

（四）根的异常构造

取牛膝根横切片置于显微镜下观察（图 3-5）。

1. 木栓层由数列木栓细胞组成。

2. 皮层较宽，占根的较大面积，主要由薄壁细胞组成，薄壁细胞中含淀粉粒和簇晶，皮层内散生单个的和复合的异常维管束，均为外韧型，可见形成层，导管稀少。

3. 次生韧皮部狭小。

4. 形成层环明显可见。

5. 次生木质部导管稀少，初生木质部保留于根的中央，四原型。

可另取川牛膝、何首乌、商陆、黄芩、甘松根横切片进行观察，记录根的异常构造。

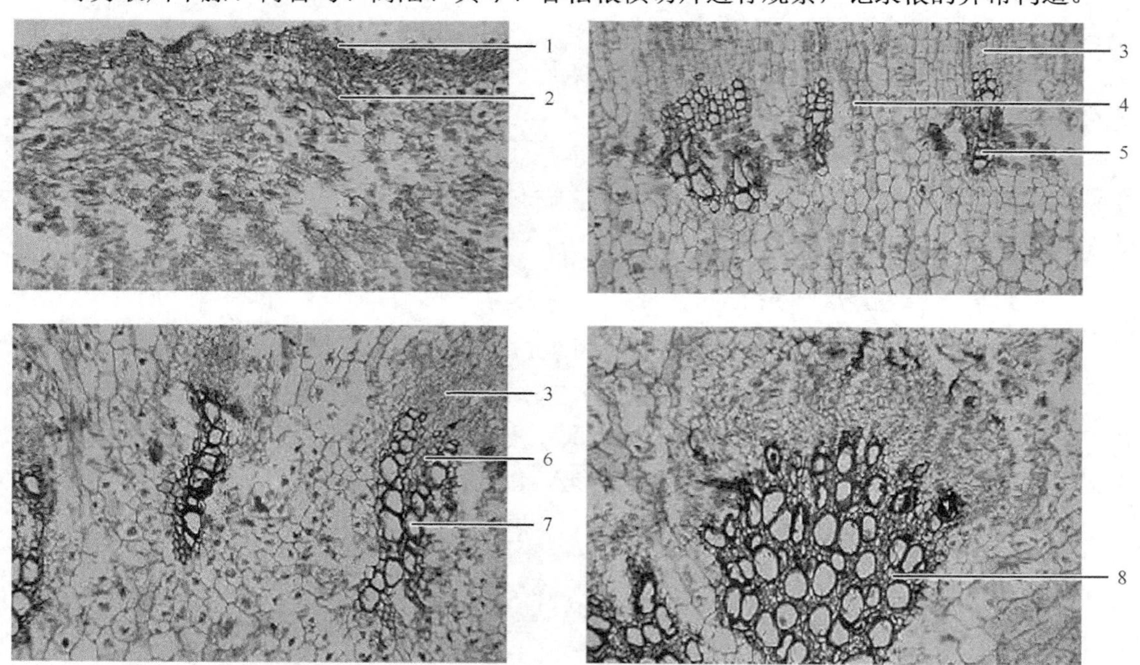

图 3-5 牛膝根切片

1. 木栓层；2. 皮层；3. 韧皮部；4. 髓线；5. 木质部；6. 木质部纤维；7. 导管；8. 初生木质部

【作业】

1. 绘毛茛根横切面简图。

2. 绘毛茛根中柱的详图。

3. 绘鸢尾根的横切面简图。

4. 绘葡萄根的部分横切面简图。

【思考题】

1. 侧根的发生属内起源还是外起源？
2. 在经历较长时间的次生生长后，老根中是否仍保留有初生木质部和初生韧皮部？
3. 牛膝和川牛膝根横切片有什么区别？

实验四　植物营养器官——茎的形态与结构

【目的与要求】

1. 通过观察各种正常及变态的茎，能够识别生活中常见的变态茎。

2. 能够识别茎中各组织的名称、位置及形态特点。

3. 能够区分植物茎的三种切面切片，加深对木本茎构造的理解。

4. 能够区分双子叶植物茎的初生构造与次生构造。

5. 能够比较单子叶植物地上茎及地下茎的解剖构造差别。

【仪器与试剂】

光学显微镜、蒸馏水、载玻片、盖玻片、镊子、解剖针、刀片、培养皿、吸水纸、擦镜纸。

【实验材料】

新鲜马铃薯（*Solanum tuberosum*）块茎、新鲜生姜（*Zingiber officinale*）、新鲜洋葱（*Allium cepa*）、新鲜荸荠（*Eleocharis dulcis*）、薄荷（*Mentha canadensis*）茎横切面永久制片、椴树（*Tilia tuan*）茎的横切面永久制片、松树（*Pinus*）茎三切面永久制片、石斛（*Dendrobium nobile*）茎横切面永久制片、石菖蒲（*Acorus tatarinowii*）根茎横切面永久制片、掌叶大黄（*Rheum palmatum*）根茎横切面永久制片。

【实验内容】

（一）观察双子叶植物茎的初生构造

取薄荷茎横切面永久制片置于显微镜下全面观察（图4-1）。

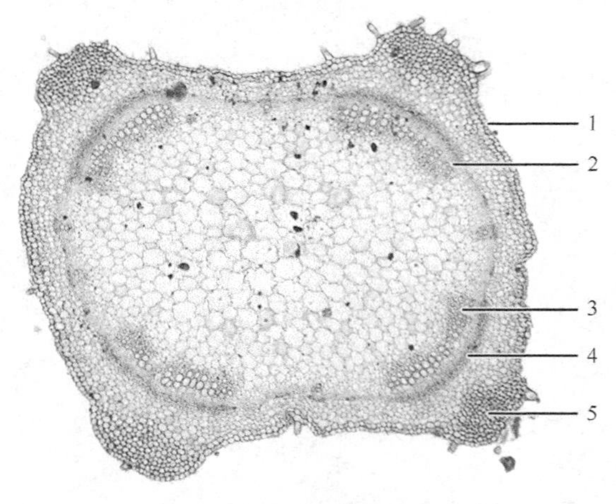

图4-1　薄荷茎横切面（40×）

1. 表皮；2. 形成层；3. 木质部；4. 韧皮部；5. 厚角组织

1. 表皮　为一列排列紧密、略带径向延长的细胞，有茸毛。

2. 皮层　由薄壁细胞组成，靠近表皮的几层细胞较小。在茎切面四角具有厚角组织。

3. 维管束　为双韧型维管束，形成层位于木质部和韧皮部之间，由数列扁平而较整齐的细胞组成。注意观察有几个维管束，大小是否一样，是否有木射线及束间形成层。

（二）观察双子叶植物茎的次生构造

取椴树茎的横切面永久制片置于显微镜下观察（图4-2）。

1. 表皮　由一层排列很紧密的薄壁细胞组成，外面包被一层角质层。

2. 周皮　包括木栓层、木栓形成层和栓内层。木栓层细胞扁平且排列整齐，细胞壁厚，木栓化细胞已死亡，内常储有鞣质。木栓形成层位于木栓层的内侧，为次生组织，细胞扁平，具浓厚的细胞质及明显的细胞核。栓内层位于木栓层内侧，数层，与木栓形成层平行排列。

3. 皮层 位于周皮的内方，较栓内层细胞大，少量细胞内含草酸钙簇晶。次生韧皮部：由许多相互倒顺结合的楔形组织所组成。尖端向外的楔形是韧皮组织，由软硬两部分韧皮部相隔组成；硬的韧皮部由木质化的韧皮纤维组成，软的韧皮部包括筛管、伴胞和韧皮薄壁细胞。尖端向内的楔形是韧皮射线。

4. 形成层 位于韧皮部和木质部之间，为数层等径排列的分生组织。

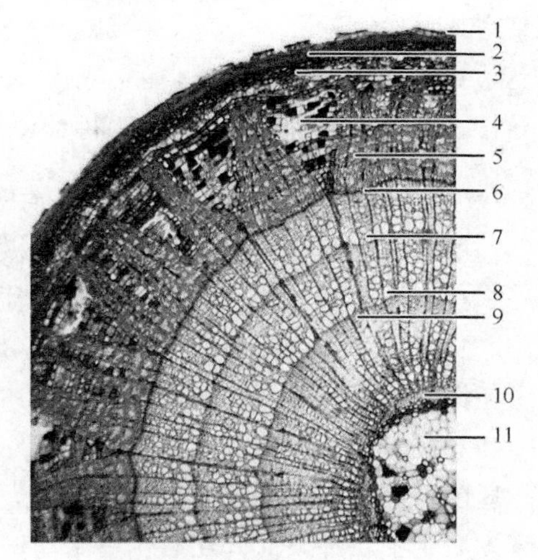

图 4-2 椴树茎的次生构造（40×）

1. 破损的表皮；2. 木栓层；3. 厚角组织；4. 髓射线；5. 韧皮部；6. 形成层；7. 木质部；8. 早材；9. 晚材；10. 初生木质部；11. 髓

5. 木质部 次生木质部占茎横切面的大部分面积。早材部分细胞壁较薄，细胞孔径较大，染色较浅。晚材部分细胞壁厚，细胞孔径小，染色较深。早、晚材之间有明显的界线，即年轮。木质部内可见导管、纤维和薄壁细胞，在早材中，导管较大，呈多边形或近圆形。常见木射线。

6. 髓部 由薄壁细胞组成，位于切面中心，或形成空洞。

（三）观察双子叶植物木质茎的三种切面

取松树茎的三切面永久制片置于显微镜下观察（图 4-3）。

1. 横切面（transverse section） 与茎的纵轴垂直所作的切面。可见同心圆形的年轮和辐射状射线等。

2. 径切面（radial section） 通过茎的中心所作的纵切面。在径切面上可见导管、管胞、木纤维和木薄壁细胞等以及纵向切面的长度、宽度、纹孔。射线细胞为长方形，排列整齐，

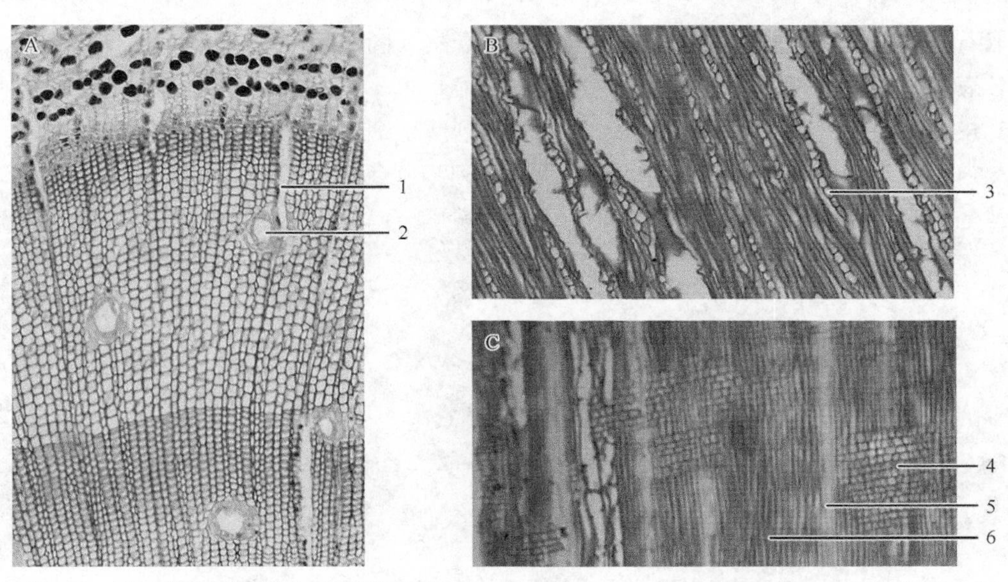

图 4-3 松树茎的三切面（A：横向切片；B：切向切片；C：径向切片；A、B、C 均为 40×）

1. 射线细胞群；2. 髓射线；3. 树脂道；4. 射线；5. 早材；6. 晚材

呈多列。

3. 弦切面（tangential section） 不经过茎的中心而垂直于茎的半径所作的纵切面。可见导管、管胞、木纤维和木薄壁细胞等。射线细胞为横切面，细胞群呈纺锤状。

（四）观察单子叶植物地上茎的解剖构造

取石斛茎横切面永久制片置于显微镜下观察（图 4-4）。

1. 表皮 最外层一列细胞，其往往角质化形成角质层。

2. 皮层 近表皮处几列厚壁或厚角组织，细胞排列紧密。内侧全为薄壁细胞，细胞间隙大，维管束散布其中。

3. 维管束 分布在基本组织外围的维管束小而密，分布在中心的维管束大而疏。维管束的周围被厚壁组织包围形成维管束鞘。木质部中央较小的导管为原生木质部，两旁大型的导管为后生木质部。此外还有一些木薄壁细胞和机械组织，韧皮部中有筛管及伴胞。

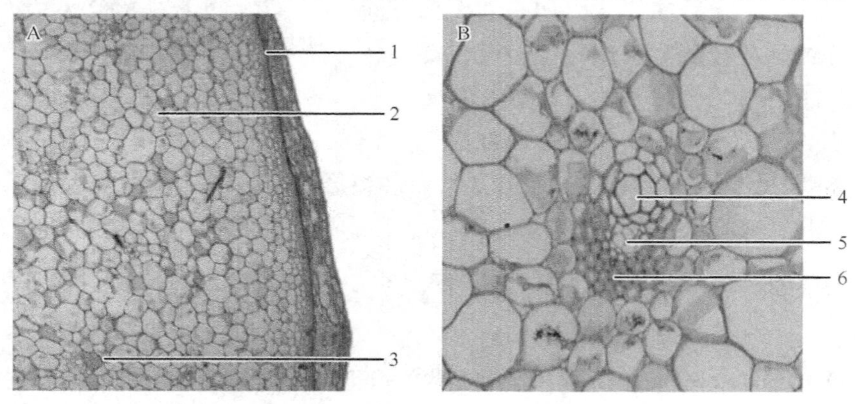

图 4-4 石斛茎横切面（A：40×；B：400×）

1. 表皮；2. 皮层；3. 维管束；4. 木质部；5. 韧皮部；6. 纤维束

（五）观察单子叶植物地下茎的解剖构造

取石菖蒲根茎横切面永久制片置于显微镜下观察（图 4-5）。

1. 表皮 大部分脱落。

2. 皮层 外侧常有数列木栓细胞，内侧为多列薄壁细胞。散有小型叶迹维管束。

3. 内皮层与中柱鞘 内皮层分界线明显，1 列细胞包围于中柱，细胞壁上可见凯氏带或

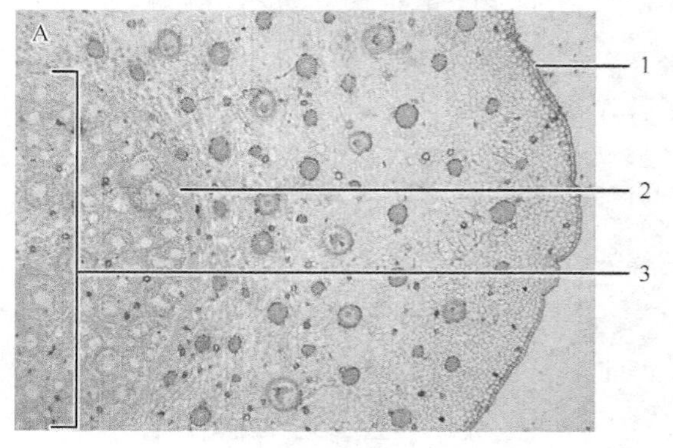

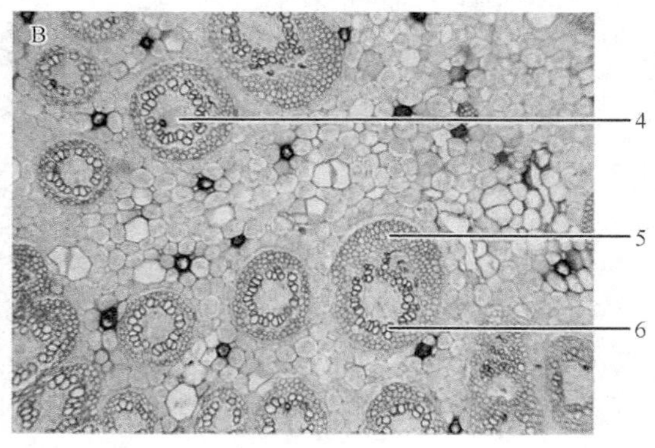

图 4-5 石菖蒲根茎横切面（A：40×；B：100×）

1. 表皮；2. 内皮层；3. 中柱；4. 维管束；5. 韧皮部；6. 木质部

凯氏点。皮层向中心内侧可见中柱鞘。

4. 中柱　占横切面比值较大，散列大量有限外韧型维管束。

（六）观察双子叶植物根茎的异常构造

取掌叶大黄根茎横切面永久制片置显微镜下观察，低倍镜下可见髓部有许多异型维管束形成星点（图 4-6），切换高倍镜观察，可见其外部为木质部，中央为韧皮部，两者之间有形成层。

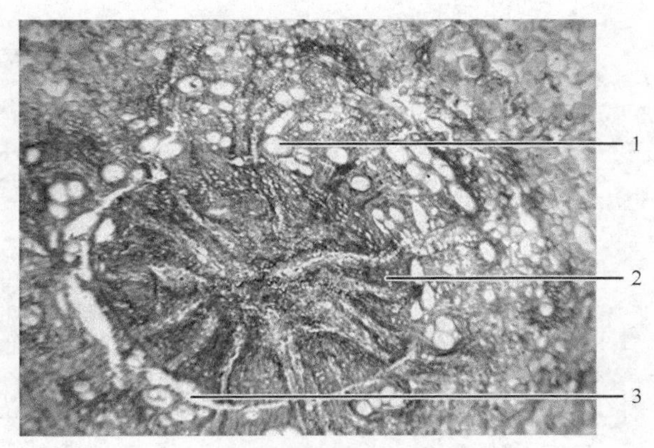

图 4-6　掌叶大黄根茎星点横切面（40×）

1. 导管；2. 韧皮部；3. 形成层

（七）观察常见茎的变态

1. 根茎（rhizome）　常横卧于地下，肉质膨大呈根状，节和节间明显，节上有退化的鳞片叶，如白茅、姜等。

2. 块茎（tuber）　肉质肥大呈不规则块状，节间很短，节上有芽，叶退化成小鳞叶或早期枯萎脱落，如马铃薯、天麻等。

3. 球茎（corm）　肉质肥大呈球状，节间短；节上的叶片常退化成鳞片状，如荸荠。

4. 鳞茎（bulb）　球形或扁球形，茎缩短为鳞茎盘，有顶芽，叶腋有腋芽，基部有不定根，如洋葱。

【作业】

1. 绘薄荷茎的横切面简图。

2. 绘薄荷茎一个维管束详图。

3. 绘椴树茎次生构造横切面部分详图（1/4）。

4. 绘石菖蒲根茎横切面的组织构造简图。

【思考题】

1. 椴树茎的三个切面中所观察到的主要组织细胞的形态有何区别？

2. 比较双子叶植物和单子叶植物茎结构上的区别。

3. 木材是如何形成的？为什么说“十年树木，百年树人”？

实验五　植物营养器官——叶的形态与结构

【目的与要求】

1. 通过观察正常及变态的叶，学会辨别叶的类型。

2. 通过观察双子叶植物异面叶和等面叶的解剖构造特征，能够辨别异面叶和等面叶，可以区分双子叶植物叶和单子叶植物叶。

【仪器与试剂】

光学显微镜、蒸馏水、载玻片、盖玻片、镊子、解剖针、刀片、培养皿、吸水纸。

【实验材料】

羊蹄甲（*Bauhinia purpurea*）叶、杜鹃（*Rhododendron simsii*）叶、百合（*Lilium brownii* var. *viridulum*）叶、银杏（*Ginkgo biloba*）叶、波罗蜜（*Artocarpus heterophyllus*）叶、酢浆草（*Oxalis corniculata*）叶、鹅掌柴（*Schefflera heptaphylla*）叶、朱缨花（*Calliandra haematocephala*）叶、柑橘（*Citrus reticulata*）叶、桃（*Prunus persica*）叶、长隔木（*Hamelia patens*）叶、叶子花（*Bougainvillea spectabilis*）苞片、仙人掌（*Opuntia dillenii*）、花烛（*Anthurium andraeanum*）、向日葵（*Helianthus annuus*）、洋葱（*Allium cepa*）、豌豆（*Pisum sativum*）、猪笼草（*Nepenthes mirabilis*）、薄荷（*Mentha canadensis*）叶横切片、狭叶番泻（*Cassia angustifolia*）叶横切片、玉蜀黍（*Zea mays*）叶横切片等。

【实验内容】

（一）观察叶片形态

观察桃、鹅掌柴、波罗蜜、朱缨花、长隔木、羊蹄甲、杜鹃、百合、银杏、柑橘等叶的形态特点。

1. 叶的组成　叶通常由叶片（blade）、叶柄（petiole）和托叶（stipule）组成。

2. 叶片的形状　常见的叶片基本形状有针形、带形、披针形、倒披针形、椭圆形、阔椭圆形、卵形、倒卵形、阔卵形、倒阔卵形、剑形、圆形、扇形、线形、心形等。

3. 叶端（leaf apex）的形状　常见的叶端形状有圆形、钝形、截形、急尖、渐尖、渐狭、尾状、芒状、短尖、微凹、微缺、倒心形等。

4. 叶基（leaf base）的形状　常见的叶基形状有楔形、钝形、圆形、心形、耳形、箭形、戟形、截形、渐狭、偏斜、盾形、穿茎、抱茎等。

5. 叶缘（leaf margin）的形状　常见的叶缘形状有全缘、波状、锯齿状、重锯齿状、牙齿状、圆齿状、缺刻状等。

6. 叶片的分裂　常见的叶片分裂有羽状分裂、掌状分裂或三出分裂。依据叶片裂隙的深浅不同，可再分为浅裂（lobate）、深裂（parted）和全裂（divided）。浅裂为叶裂深度不超过或接近叶片的 1/4；深裂为叶裂深度超过叶片的 1/4；全裂为叶裂深度几达主脉或叶柄顶部。

7. 脉序（venation）　常见的脉序类型如下。

（1）网状脉序（netted venation）：网状脉序又因主脉分出侧脉的不同而分为羽状网脉、掌状网脉。

（2）平行脉序（parallel venation）：为单子植物特有，常分为直出平行脉、横出平行脉、辐射脉（射出脉）、弧形脉。

（3）叉状脉序（二叉脉序）（dichotomous venation）：比较原始的脉序，如银杏等。

8. 叶片的质地　膜质、干膜质、纸质、草质、革质、肉质等。

9. 单叶（simple leaf）与复叶（compound leaf）

（1）单叶，如波罗蜜、广玉兰、枇杷等。

（2）复叶，有以下几种类型。

三出复叶（ternately compound leaf）：如酢浆草等。

掌状复叶（palmately compound leaf）：如鹅掌柴等。

羽状复叶（pinnately compound leaf）：如朱缨花等。

单身复叶（unifoliate compound leaf）：如柑橘等。

10. 叶序（phyllotaxy）

（1）互生叶序（alternate phyllotaxy）：如桃、桑等。

（2）对生叶序（opposite phyllotaxy）：如薄荷、黄杨等。

（3）轮生叶序（verticillate phyllotaxy）：如长隔木、夹竹桃等。

（4）簇生叶序（fascicled phyllotaxy）：如银杏、枸杞等。

（二）观察变态叶形态

观察花烛、向日葵、叶子花、洋葱、仙人掌、豌豆、猪笼草等植物属于何种变态叶的类型。常见变态叶的类型如下。

1. 苞片（bract）　如花烛的佛焰苞、向日葵总苞片等。

2. 鳞叶（scale leaf）　如贝母、洋葱等的鳞叶。

3. 叶刺（leaf thorn）　如仙人掌、枸骨等的叶刺。

4. 叶卷须（leaf tendril）　如豌豆的卷须。

5. 捕虫叶（insect-catching leaf）　如猪笼草的捕虫叶。

（三）观察双子叶植物叶的构造

观察薄荷叶（异面叶）和番泻叶（等面叶）的解剖构造。

1. 异面叶（bifacial leaf）　有的植物叶片在枝上的着生位置为横向，叶片两面受光的情况差异较大，因而内部结构发生较大变化，这种叶片称为异面叶。

整个叶片的最外层为表皮（epidermis）。异面叶上表皮细胞较大，排列紧密，无细胞间隙，其外被角质层；下表皮细胞较上表皮细胞小，亦被角质层；可见气孔。叶肉（mesophyll）组织中上表皮下方为数层排列整齐的栅栏组织（palisade tissue）；栅栏组织以内为细胞呈圆形或不规则形的海绵组织（spongy tissue），细胞间隙大（称为气室）；栅栏组织及海绵组织细胞内均含有叶绿体，海绵组织细胞中所含叶绿体较栅栏组织少；栅栏组织与海绵组织之间可见小型维管束。主脉粗大并向叶的下表面凸出；主脉中央为维管束，维管束上下方常见厚壁组织和厚角组织；主脉靠近表皮下方也常见厚角组织，起支撑的作用；侧脉及细脉在叶肉中穿过，结构越趋简化。

薄荷叶（异面叶）解剖构造：上表皮细胞长方形；下表皮细胞稍小，具气孔；上下表皮有多数凹陷，内有大型特异的腺鳞。叶肉栅栏组织 1 ～ 2 列细胞，海绵组织 4 ～ 5 列细胞，叶肉细胞含橙皮苷结晶。主脉维管束为外韧型；韧皮部和木质部外侧有厚角组织（图 5-1）。

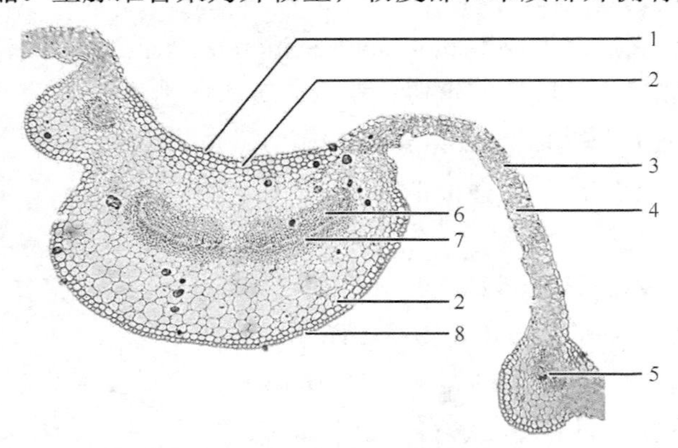

图 5-1　薄荷叶横切面（40×）

1. 上表皮；2. 厚角组织；3. 栅栏组织；4. 海绵组织；5. 侧脉；6. 木质部；7. 韧皮部；8. 下表皮

2. 等面叶（isobilateral leaf） 叶片着生方向与地面近似垂直，和枝的长轴平行，叶肉组织比较均一，不分化成栅栏组织和海绵组织或虽有分化但栅栏组织却分布在叶的两面的植物叶子，称为等面叶。

等面叶上下表皮的细胞外壁都被厚角质层，可见气孔深陷。叶上下表皮内侧各有 2 ～ 4 列栅栏组织；中间夹 3 ～ 4 层类多角形细胞组成的海绵组织。主脉上方有一层或几层栅栏组织，与叶肉中的栅栏组织相连接；外韧型维管束占中心大部分，木质部发达，韧皮部狭窄；维管束的外围有厚壁组织，靠近下表面有厚角组织。

番泻叶（等面叶）解剖构造：表皮细胞 1 列，部分细胞内含黏液质，外被角质层；叶肉组织等面型，上表面栅栏细胞通过主脉上方，下表面栅栏细胞较短，靠主脉下方有厚角组织；海绵组织细胞中常含草酸钙簇晶；中脉上下两侧均有纤维束（图 5-2）。

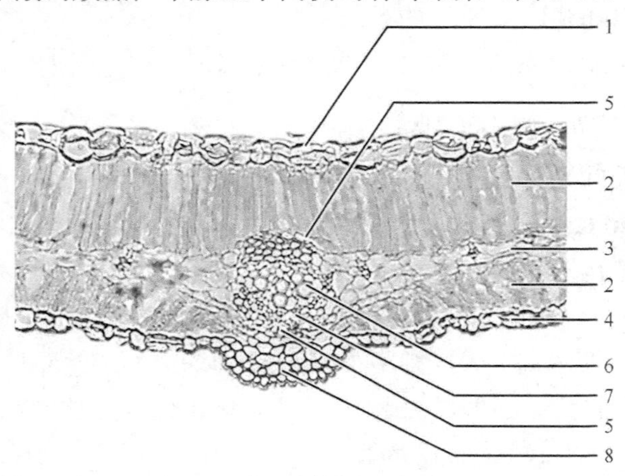

图 5-2　番泻叶横切面（100×）

1. 上表皮；2. 栅栏组织；3. 海绵组织；4. 下表皮；5. 厚壁组织；6. 木质部；7. 韧皮部；8. 厚角组织

（四）观察单子叶植物叶的构造

单子叶植物叶以禾本科为例。表皮细胞形状较规则，排列成行；细胞外侧角质化并含硅质，表面常有乳头状突起或刺状物或茸毛，触之有粗糙感；上表皮中有大型泡状细胞（bulliform cell），也称运动细胞（motor cell），横切面观察可见细胞排列呈扇形；表皮上下均分布气孔器。叶肉无栅栏组织与海绵组织的明显分化，属等面叶类型。叶脉（vein）内有限外韧维管束近平行排列，维管束与上下表皮之间均存在较发达的厚壁组织；维管束周围伴有维管束鞘（vascular bundle sheath）。

玉蜀黍叶解剖构造：表皮细胞呈长方形或方形，排列成行，细胞外壁角化，常有乳头状突起、刺或茸毛；泡状细胞或运动细胞为多个大型的薄壁细胞，排成扇形或略呈扇形排列。表皮上下两面均分布有气孔器。叶肉无栅栏组织和海绵组织的明显分化。叶脉内维管束为有限外韧维管束，无形成层，维管束外由 1～2 层细胞包围组成维管束鞘（图 5-3）。

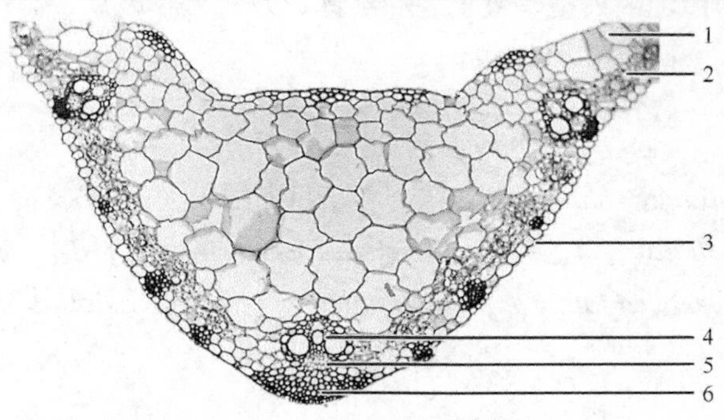

图 5-3 玉蜀黍叶横切面（100×）

1. 上表皮（运动细胞）; 2. 叶肉组织; 3. 下表皮; 4. 木质部; 5. 韧皮部; 6. 厚角组织

【作业】

1. 整理归纳所观察的植物叶片特征，根据实验内容列出表格（何种叶形，何种分裂，何种叶脉，何种复叶，何种叶序）。

2. 绘薄荷叶横切面构造简图。

3. 绘番泻叶横切面构造简图。

4. 绘玉蜀黍叶横切面构造简图。

【思考题】

1. 除了上述植物，你还能举出哪些植物具有变态叶？

2. 如何正确区分单叶与复叶？

3. 在显微镜下如何判断双子叶植物叶的上、下表皮？

4. 双子叶植物与单子叶植物叶的显微结构有何异同？

5. 从叶的显微构造特点说明为什么叶是光合作用最重要的器官。

实验六　植物繁殖器官——花的形态结构、花序及花程式书写

【目的与要求】

1. 识别被子植物花的外部形态及各组成部分的特点。

2. 总结被子植物花几种主要的结构类型，学习解剖花以及使用花程式描述花的方法。

3. 阐释花序的概念并比较各种花序的结构特点。

4. 辨别花及花序的形态术语。

【仪器与试剂】

光学显微镜、解剖镜、放大镜、镊子、解剖针、刀片、载玻片、盖玻片、蒸馏水、吸水纸、擦镜纸、水合氯醛等。

【实验材料】

青菜（*Brassica rapa* var. *chinensis*）花、百合（*Lilium brownii* var. *viridulum*）花、朱缨花（*Calliandra haematocephala*）花、朱槿（*Hibiscus rosa-sinensis*）花、黄槐决明（*Senna surattensis*）花、非洲菊（*Gerbera jamesonii*）花、车前（*Plantago asiatica*）花。

【实验内容】

（一）花的基本组成及结构特征

取一朵花，观察它的外形。然后用镊子从外向内依次摘下萼片、花瓣、雄蕊和雌蕊，仔细观察雄蕊和雌蕊的结构。

1. 朱槿花的解剖结构（图 6-1）

副萼：位于花的最外轮，6 ～ 7 枚，线形，基部合生。

花萼：5 裂，卵形至披针形。

花冠：分离，5 枚，旋转状排列。

图 6-1　朱槿花的解剖结构

1. 雌蕊；2. 雄蕊；3. 副萼；4. 花萼；5. 花托；6. 花冠；7. 花梗

雄蕊：多数，花丝联合成管状，为单体雄蕊。

雌蕊：子房上位，柱头分离，花柱枝5。

2. 百合花的解剖结构（图6-2）

外轮花被：3枚，分离。

内轮花被：3枚，分离。

雄蕊：6枚，外轮3枚，内轮3枚，均分离。

雌蕊：子房上位，3心皮3心室，胚珠多数。

3. 青菜花的解剖结构（图6-3）

花萼：4枚，卵形长圆形。

花瓣：倒卵形，分离，4枚，十字形排列。

雄蕊：6枚，排列成2轮，内轮4枚长，外轮2枚短，为四强雄蕊。

雌蕊：子房上位，2心皮，子房2室。

图6-2　百合花的解剖结构

1. 花梗；2. 花托；3. 雄蕊；4. 雌蕊；5. 花被

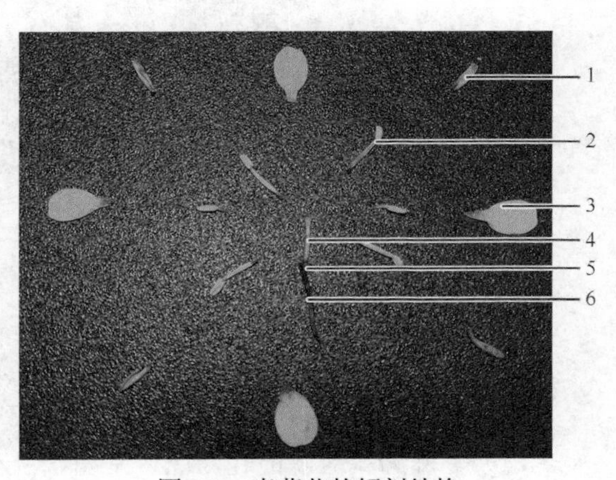

图6-3　青菜花的解剖结构

1. 花萼；2. 雄蕊；3. 花瓣；4. 雌蕊；5. 花托；6. 花梗

（二）花的结构形态

1. 花冠　观察青菜花、朱槿花、黄槐决明花、非洲菊花的花冠结构形态。

（1）十字形花冠：花瓣4，离生，十字形，如青菜花的花冠（图6-4）。

（2）假蝶形花冠：花瓣5，内侧1片旗瓣，两侧2片翼瓣，下方最外方有2片龙骨瓣，如云实科植物黄槐决明花（图6-5）。

图6-4　青菜花

图6-5　黄槐决明花

（3）管状花冠：花瓣5，合生成筒状，上部无明显扩大，如菊科非洲菊的内侧花（图6-6）。

（4）舌状花冠：花瓣5，合生，花冠仅基部少部分联合成筒状，上端联合成扁平舌状，如菊科非洲菊的边缘花（图6-6）。

（5）漏斗状花冠：花冠由基部逐渐扩大成漏斗状，如朱槿花（图6-7）。

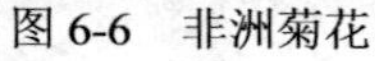

图6-6　非洲菊花

图6-7　朱槿花

2. 雄蕊　观察青菜花、百合花、朱槿花、非洲菊花的雄蕊。

（1）青菜：雄蕊6枚，排列成2轮，内轮4枚长，外轮2枚短，为四强雄蕊。

（2）百合：雄蕊6枚，外轮3枚，内轮3枚，花丝分离，长短相等。

（3）朱槿：雄蕊多数，花丝联合成管状，花药完全分离，为单体雄蕊。

（4）非洲菊：雄蕊的花药联合呈筒状，花丝分离，为聚药雄蕊。

3. 雌蕊　观察百合花、朱槿花、黄槐决明花的雌蕊。

（1）百合：3个心皮彼此连合构成复雌蕊。

（2）朱槿：5个心皮彼此连合构成复雌蕊。

（3）黄槐决明：只有1个心皮构成1个雌蕊，为单雌蕊。

图6-8　车前花

（三）花序

观察青菜花、朱缨花、非洲菊花、车前花的花序。

（1）总状花序：花轴较长，各花柄大致长短相等，如十字花科的芸薹花的花序。

（2）穗状花序：花轴较长，直立，上面着生许多无柄的两性花，如车前科车前花的花序（图6-8）。

（3）头状花序：花轴极度缩短而膨大，扁形，盘状，如非洲菊花的花序、朱缨花的花序（图6-9）。

图 6-9　朱缨花

（四）花程式

为了简要说明一朵花的结构，花各部分的组成、数目、子房的位置和结构，可以用花程式来表示。花程式（flower formula）能使一种植物花的基本特征用便利的图解方式表示出来，主要包括它的性别、对称性、数目、花部的融合情况以及子房的位置。

K—花萼；C—花冠；A—雄蕊群；G—雌蕊群；P—花被（花萼、花冠不能区分）；*—辐射对称；↑—两侧对称；♀—雌花；♂—雄花。

字母下的数字，表示各轮的实际数目；缺少一轮记“0”，数目多于花被的 2 倍，即为“多数”，可用“∞”表示；如果某一部分的各单位互相联合，可在数字外加上“( )”；如果某一部分有 2 轮或 3 轮，可在各轮数字间加上“+”号；$\underline{G}$表示子房上位，$\overline{\underline{G}}$表示子房周位，$\overline{G}$表示子房下位；在 G 右下角可以依次写上 3 个数字，依次代表构成该子房的心皮数、子房室数和每室胚珠数，数字之间用“：”号相隔。

解剖百合花、青菜花、黄槐决明花，仔细观察其结构，并分别写出它们的花程式。

（五）花粉粒的显微特征

取百合花、朱槿花的花粉少许，放置在载玻片上，加上 1 滴水合氯醛，搅拌均匀，盖上盖玻片，在显微镜下观察，见图 6-10 和图 6-11。

注意花粉形态、大小、类型；有无萌发孔，萌发孔的形状、位置、数目。

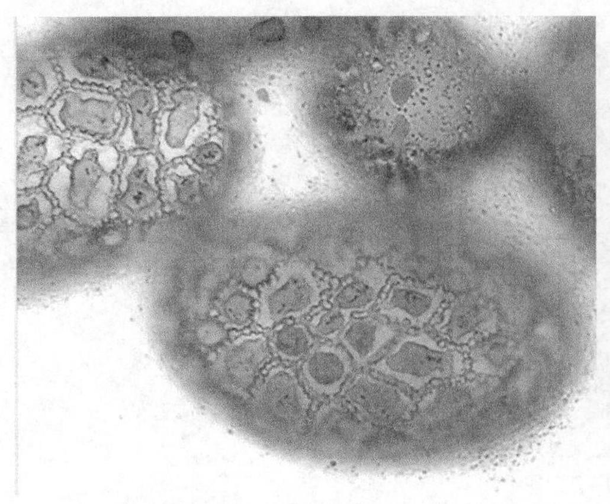

图 6-10　百合花花粉粒（400×）

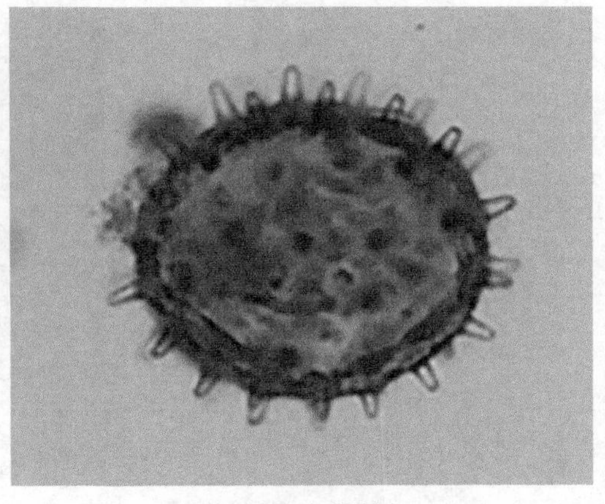

图 6-11　朱槿花花粉粒（400×）

【作业】

1. 写出青菜花、朱槿花、黄槐决明花、非洲菊花的花冠类型。
2. 写出青菜花、百合花、朱槿花、非洲菊花的雄蕊类型。
3. 写出青菜花、百合花、朱槿花、黄槐决明花的雌蕊类型。
4. 用花程式表示百合花、青菜花、朱槿花的结构组成。

【思考题】

1. 雌蕊是由哪几部分构成的？子房的构造如何？
2. 无限花序有何特点？常见的无限花序有哪些类型？
3. 如何判断组成雌蕊的心皮数目？
4. 子房在花托上着生的位置有哪几种？
5. 如何区别边缘胎座与侧膜胎座？

实验七　植物繁殖器官——果实的结构与类型

【目的与要求】

1. 通过列举和识别果实类型，对果实进行分类。

2. 比较果实类型，并区分真果和假果。

3. 通过解剖不同类型果实，观察胎座、种子的形态特征，阐明果实、种子等繁育器官对植物传播的适应性。

【仪器与试剂】

光学显微镜、蒸馏水、载玻片、盖玻片、镊子、解剖针、刀片、培养皿、吸水纸等。

【实验材料】

苹果（*Malus pumila*）、白梨（*Pyrus bretschneideri*）、桃（*Prunus persica*）、杏（*Prunus armeniaca*）、柑橘（*Citrus reticulata*）、八角（*Illicium verum*）、桑（*Morus alba*）、葡萄（*Vitis vinifera*）、番茄（*Solanum lycopersium*）、凤梨（*Ananas comosus*）、草莓（*Fragar ananassa*）、橙子（*Citrus sinensis*）等果实标本或新鲜材料。

【实验内容】

（一）真果和假果的观察

1. 真果的构造　仅由子房形成的果实叫真果，如桃、杏、李子等。取桃、杏或李子一个，用刀片沿着果沟纵切，最外面一层薄的皮即外果皮，中间肉质可食部分即中果皮，最内为坚硬木质的内果皮，即所谓核。打开内果皮为种子。桃的三层果皮都是由子房壁转化而来的，种子是胚珠受精后发育而来的。

2. 假果的构造　凡花的其他部分（如花托、花萼及花序轴等）参与形成的果实叫假果，如苹果、梨。取苹果纵横切片观察其特点。

（二）果实类型的观察

果实的类型有单果、聚合果、聚花果。

观察葡萄、番茄、柑橘、桃、杏、苹果、白梨、八角、草莓、凤梨、桑的果实类型，比较不同果实类型的特点，总结归纳单果、聚合果和聚花果的不同特点，并区分不同类型果实的外果皮、中果皮、内果皮等。

1. 单果　由离生心皮单雌蕊或合生心皮复雌蕊形成的果实。由于果皮的质地不同，又分为浆果、柑果、核果、梨果。

（1）浆果：中果皮肉质，内果皮变成充满浆汁的细胞，果皮里水分很多，有一到多数种子，如葡萄（图 7-1）、番茄（图 7-2）等。

（2）柑果：由多心皮合生雌蕊具中轴胎座的上位子房发育而成，外果皮较厚，内含油室；中果皮具多分枝的维管束（橘络），与外果皮界线不清；内果皮生有肉质多汁的囊状腺毛。如柑橘、橙子（图 7-3）等。

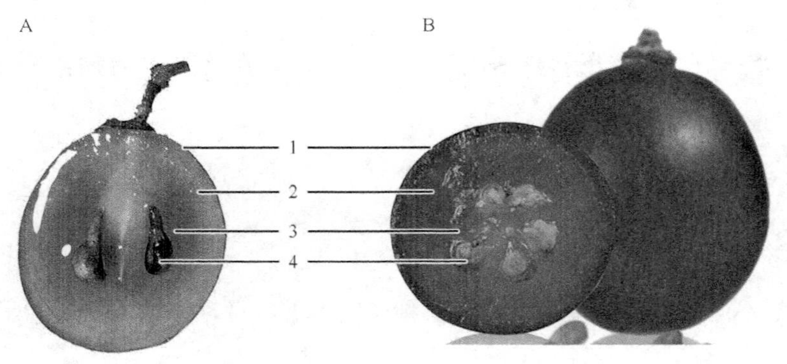

图 7-1　葡萄（浆果）纵切面（A）和横切面（B）

1. 外果皮；2. 中果皮；3. 内果皮；4. 种子

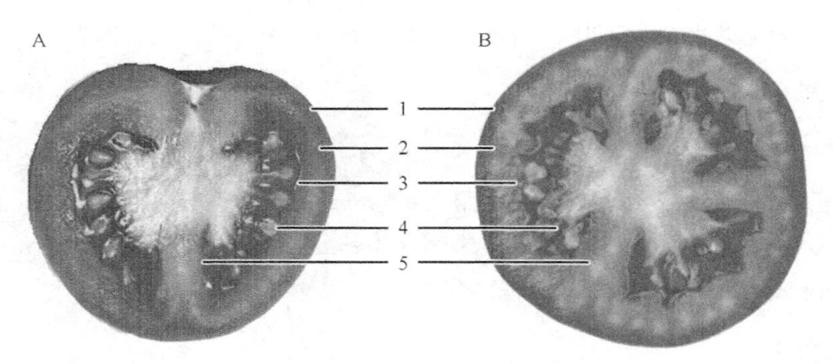

图 7-2　番茄（浆果）纵切面（A）和横切面（B）

1. 外果皮；2. 中果皮；3. 内果皮；4. 种子；5. 胎座

（3）核果：由单心皮雄蕊发育而成，外果皮很薄，中果皮肉质，内果皮木质化变成坚硬的壳包在种子外面，如桃（图 7-4）、杏、李子等。

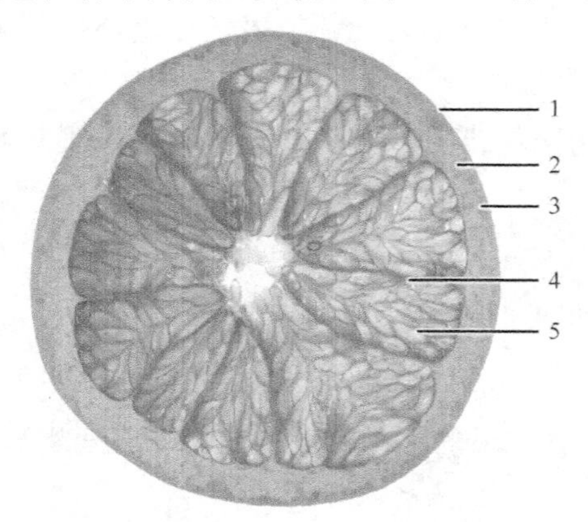

图 7-3　橙子（柑果）的横切面

1. 外果皮；2. 油胞；3. 中果皮；4. 囊瓣；5. 汁胞

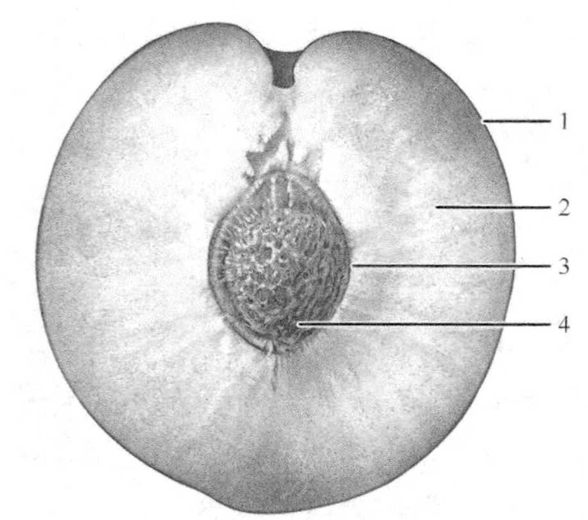

图 7-4　桃的纵切面

1. 外果皮；2. 中果皮；3. 内果皮；4. 种子

（4）梨果：多为 5 心皮合成的下位子房和花萼筒共同发育形成的假果。外果皮薄，中果皮肉质（外、中果皮由花托形成），内果皮坚韧（由心皮形成），常分隔为 5 室，每室常含 2 粒种子，如梨（图 7-5）、苹果（图 7-6）等。

将苹果做切片后，置于显微镜下观察（图 7-7）。

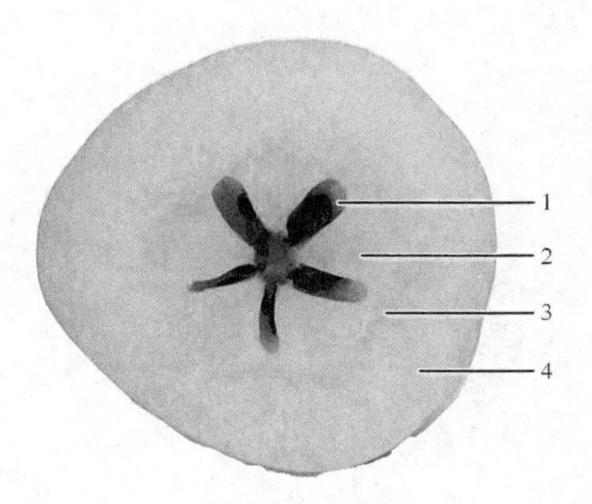

图 7-5　梨横切面

1. 种子；2. 果皮；3. 花萼维管束；4. 假果皮

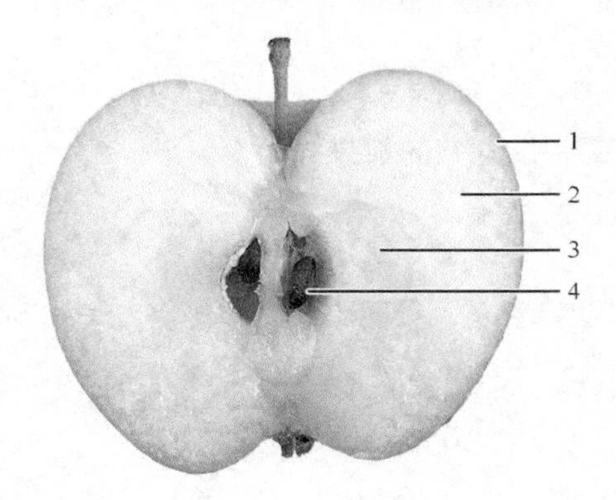

图 7-6　苹果纵切面

1. 表皮层；2. 花筒部分；3. 果皮；4. 种子

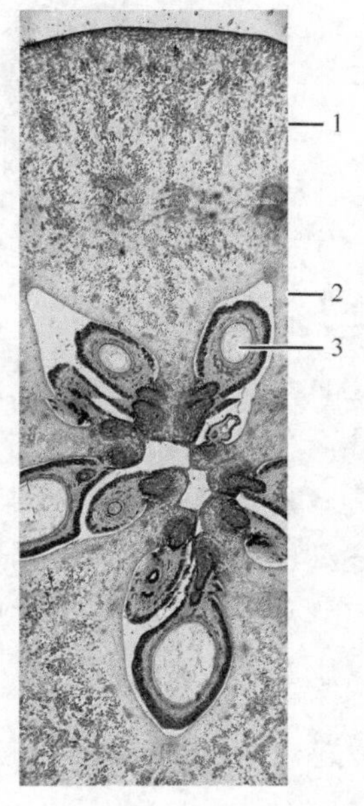

图 7-7　苹果横切面

1. 假果皮；2. 果皮；3. 种子

2. 聚合果　一朵花有多心皮离生雌蕊，每一雌蕊形成一个果实。这些果实聚合在一个花托上，组成聚合果，如八角、茴香、草莓（图 7-8）。

图 7-8　八角聚合果

3. 复果（聚花果）　整个花序形成一个果实，如桑、凤梨。

取桑、凤梨和无花果果实作纵剖观察：桑椹各花子房形成一个小坚果，包在肥厚多汁的花萼中，食用部分为花萼（图 7-9）；凤梨整个花序形成果实，花着生在花轴上，花不孕，食用部分除肉质化花被和子房外，还有花序轴；无花果的果实由许多小坚果包藏在肉质化凹陷的花序轴内，食用部分为肉质化花序轴。

图 7-9　桑椹及其纵切面

【作业】

1. 描述真果和假果，比较二者异同。

2. 描述至少 3 种单果的形态特点（如葡萄浆果、梨的梨果等）。

3. 描述八角、茴香的聚合果形态特点。

4. 描述桑椹的聚花果形态特点。

5. 写出八角、罗汉果、桂圆、小茴香、苹果、豆角、柑橘、番茄等果实属于何种果实类型，并写出所食用的属于哪一部分。

【思考题】

1. 果实的构造分为哪几个部分，分别有什么特点？

2. 什么是聚合果和聚花果？

3. 在番茄顶端划十字花刀，并用开水浇烫后，撕下的是它的什么果皮？

实验八　植物繁殖器官——种子的结构与类型

【目的与要求】

1. 理解花受精后如何发育为种子。

2. 通过观察种子的形态结构和组织构造，学会识别种子类型。

【仪器与试剂】

光学显微镜、蒸馏水、载玻片、盖玻片、镊子、解剖针、刀片、培养皿、吸水纸。

【实验材料】

蚕豆（*Vicia faba*）种子、蓖麻（*Ricinus communis*）种子、龙眼（*Dimocarpus longan*）种子、山杏（*Prunus sibirica*）种子、南瓜（*Cucurbita moschata*）种子，砂仁（*Amomum villosum*）种子横切片等。

【实验内容】

（一）种子形态结构观察

观察蚕豆、蓖麻、龙眼等的种子的形态结构。

种子（seed）由种皮、胚和胚乳三部分组成。

1. 种皮（seed coat） 分为外种皮和内种皮两层，外种皮较坚韧，内种皮较薄。种皮可见以下构造。

种脐（hilum），为圆形或椭圆形的疤痕，是种子成熟后从种柄或者胎座上脱落后留下的痕迹。

珠孔（micropyle），为一小孔，被种阜掩盖，是种子萌发时吸收水分和胚根伸出的部位。

合点（chalaza），为种皮上维管束的汇合点，位于种脊的末端。

种脊（raphe），为种脐到合点之间的隆起线。

种阜（caruncle），如蓖麻等植物的种皮在珠孔处有一个由珠被扩展形成的海绵状突起物，位于种子较窄的一端，有吸水帮助种子萌发的作用（图 8-1）。

图 8-1　蓖麻种子表面

1. 种皮；2. 合点；3. 种脊；4. 种脐；5. 种阜

有些植物的种子在种皮外存在假种皮（aril），其是由珠柄或胎座处的组织延伸而形成的，有肉质假种皮，如荔枝、龙眼等，也有膜质假种皮，如豆蔻、砂仁等。

2. 胚（embryo） 是种子最重要的部分，由卵细胞和一个精子受精发育而成。胚由胚根（radicle）、胚轴（embryonal axis）、胚芽（plumule）和子叶（cotyledon）组成。

3. 胚乳（endosperm） 是种子植物的特有结构，被子植物的胚乳由极核和一个精子受精后发育而来，裸子植物胚乳是减数分裂的产物，属于配子体组织。胚乳富含淀粉粒、蛋白质和脂肪等营养物质，为胚发育提供养料。

（二）种子类型判断

观察蓖麻、南瓜、杏等的种子类型。

根据种子里面有无胚乳的情况，种子可分为有胚乳种子及无胚乳种子两类。

1. 有胚乳种子（albuminous seed） 如蓖麻种子、稻谷。

种子中具有发达的胚乳，胚乳的养料经储存后到种子萌发时才为胚所利用，这一类种子称有胚乳种子。有胚乳种子的胚相对较小，子叶很薄。

2. 无胚乳种子（exalbuminous seed） 如南瓜子、杏仁、豆类。

种子中不存在胚乳或仅残留一薄层，胚乳的养料在胚发育过程中被胚所吸收并贮藏于子叶中，这一类种子称无胚乳种子，子叶较肥厚。

（三）种子组织构造观察

观察砂仁种子横切面。

1. 种皮 通常具1层种皮（豆类、南瓜子），也有2层种皮即外种皮和内种皮（蓖麻种子、芥菜种子）。种皮可是干性的（豆类），也可是肉质的（石榴种子）。

表皮：位于种皮最外层，通常由1层薄壁细胞组成，也有的为石细胞（杏仁、桃仁、五味子）。有的表皮细胞含有黏液质（车前子），有的分化为单细胞腺毛（牵牛子）或木化的单细胞非腺毛（马钱子），有的呈栅栏状（决明子），有的含草酸钙球状结晶（黑芝麻）。

栅状细胞层：有的种子在表皮内侧有栅状细胞层，由1列或2～3列狭长细胞组成。

油细胞层：有的种子表皮层下方存在油细胞层，由数列含挥发油的细胞组成，有时常与色素层相间排列在一起。

色素层：有的种皮表皮或表皮层下方存在色素层，由1列或数列内含色素的细胞组成。

厚壁细胞层：有的种子表皮内层几乎全为石细胞组成，如栝楼属植物；有的种子内种皮为石细胞层（白豆蔻、砂仁、草果等）。

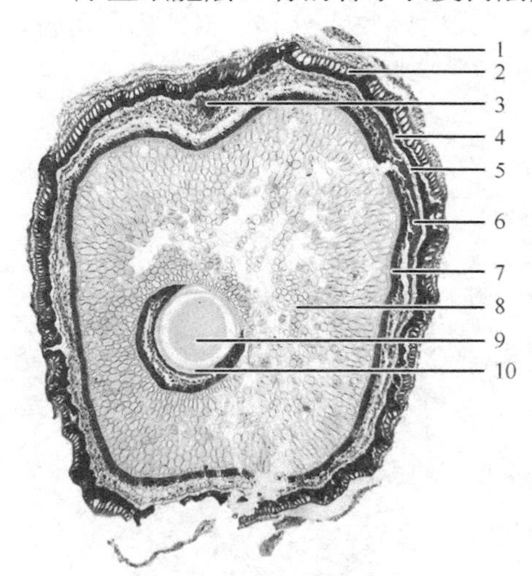

图 8-2 砂仁种子横切面（40×）

1. 假种皮；2. 种皮表皮细胞；3. 种脊维管束；4. 下皮；5. 油细胞层；6. 色素层；7. 内种皮栅状厚壁细胞；8. 外胚乳；9. 胚；10. 内胚乳

2. 胚乳 由薄壁细胞或厚壁细胞组成。常含大量的淀粉粒、糊粉粒、脂肪和油脂等营养物质。

3. 胚 子叶细胞为类圆形或多面体，常具细胞间隙，外层表皮细胞具一层极薄的角质层，常无气孔分布，有的植物在子叶的组织中还含有分泌腔和草酸钙簇晶。

砂仁种子横切面：假种皮残存。种皮表皮细胞径向延长，壁稍厚。下皮细胞含棕色或红棕色物。油细胞层为1列油细胞，含黄色油滴。色素层为数列棕色细胞，细胞多角形，排列不规则。内种皮为1列栅状厚壁细胞，黄棕色，内壁及侧壁极厚，细胞小，内含硅质块。外胚乳细胞含淀粉粒，并有少数细小草酸钙方晶。内胚乳细胞含细小糊粉粒及脂肪油滴（图8-2）。

【作业】

1. 绘出蓖麻种子的外形和解剖构造图，注明种阜、珠孔、合点、种脊及胚根、胚芽、胚乳、子叶。

2. 绘出砂仁种子横切面简图，注明各层结构。

【思考题】

1. 种子如何发育而来？

2. 所有植物的种皮都有种脐、珠孔、合点、种脊和种阜的构造吗？

实验九　被子植物代表科属基本特征与代表性植物观察

【目的与要求】

1. 巩固植物形态特征描述的科学术语和植物检索表的应用，并列举常用的检索方法。

2. 通过比较唇形科、大戟科、百合科、毛茛科、夹竹桃科等药用植物种类丰富的科属基本特征与代表植物，对各科植物的形态特点进行比较和分类。

3. 用示意图、花图式等方法比较同科、同属植物的营养器官和繁育器官的异同。

4. 通过植物观察对《中国植物志》等现有检索表进行重新编排和整理。

5. 通过对同一个科植物的观察和形态特征的归纳总结，可鉴别同科、同属未知植物。

【仪器与试剂】

放大镜、光学显微镜、解剖镜、蒸馏水、载玻片、盖玻片、镊子、解剖针、刀片、培养皿、吸水纸。

【实验材料】

观察唇形科、大戟科、十字花科等植物的植株或标本。

唇形科：紫苏（*Perilla frutescens*）、黄芩（*Scutellaria baicalensis*）、益母草（*Leonurus japonicus*）、薄荷（*Mentha canadensis*）。

大戟科：大戟（*Euphorbia pekinensis*）、地锦草（*Euphorbia humifusa*）、蓖麻（*Ricinus communis*）。

十字花科：菘蓝（*Isatis tinctoria*）、荠（*Capsella bursa-pastoris*）。

夹竹桃科：夹竹桃（*Nerium oleander*）、黄蝉（*Allamanda schottii*）、长春花（*Catharanthus roseus*）、羊角拗（*Strophanthus divaricatus*）。

百合科：百合（*Lilium brownii* var. *viridulum*）、天门冬（*Asparagus cochinchinensis*）、七叶一枝花（*Paris polyphylla*）、芦荟（*Aloe vera*）。

豆科：决明（*Senna tora*）、蒙古黄芪（*Astragalus membranaceus* var. *mongholicus*）。

毛茛科：芍药（*Paeonia lactiflora*）、黄连（*Coptis chinensis*）、升麻（*Cimicifuga foetida*）。

【实验内容】

（一）观察唇形科植物

1. 观察紫苏的形态特点

植株特点：一年生、直立草本。

根：纤维状。

茎：高 0.3 ～ 2 米，钝四棱形，具四槽，密被长柔毛。

叶：阔卵形或圆形，先端短尖或突尖，基部圆形或阔楔形，边缘在基部以上有粗锯齿，膜质或草质，两面绿色或紫色，或仅下面紫色，上面被疏柔毛，下面被贴生柔毛，侧脉 7 ～ 8 对，位于下部者稍靠近，斜上升，中脉在上面微突起，在下面明显突起，色稍淡；叶柄长，背腹扁平，密被长柔毛。

花：轮伞花序 2 花，组成密被长柔毛、偏向一侧的顶生及腋生总状花序；苞片宽卵圆形或近圆形，先端具短尖，外被红褐色腺点，无毛，边缘膜质；花梗密被柔毛。花萼钟形，10 脉，直伸，下部被长柔毛，夹有黄色腺点，内面喉部有疏柔毛环，结果时增大，平伸或下垂，基部一边肿胀，萼檐二唇形，上唇宽大，3 齿，中齿较小，下唇比上唇稍长，2 齿，齿披针形。花冠白色至紫红色，外面略被微柔毛，内面在下唇片基部略被微柔毛，冠筒短，喉部斜钟形，冠檐近二唇形，上唇微缺，下唇 3 裂，中裂片较大，侧裂片与上唇相近似。雄蕊 4，几不伸出，前对稍长，离生，插生喉部，花丝扁平，花药 2 室，室平行，其后略叉开或极叉开。花柱先端相等 2 浅裂。花盘前方呈指状膨大。

果实和种子：小坚果近球形，灰褐色。

2. 观察黄芩的形态特点

植株特点：多年生草本。

根：直根系。

茎：根茎肥厚，肉质，高（15）30 ～ 120 厘米，直径达 2 厘米，伸长而分枝。茎基部伏地，钝四棱形，具细条纹，近无毛或被上曲至开展的微柔毛，绿色或带紫色，自基部多分枝。

叶：叶坚纸质，披针形至线状披针形，顶端钝，基部圆形，全缘，上面暗绿色，无毛或疏被贴生至开展的微柔毛，下面色较淡，无毛或沿中脉疏被微柔毛，密被下陷的腺点，侧脉 4 对，与中脉上面下陷下面凸出；叶柄短，长 2 毫米，腹凹背凸，被微柔毛。

花：花序在茎及枝上顶生，总状，常再于茎顶聚成圆锥花序；花梗长 3 毫米，与序轴均被微柔毛；苞片下部较大，似叶，上部较小，卵圆状披针形至披针形，长 4 ～ 11 毫米，近于无毛。花萼开花时长 4 毫米，盾片高 1.5 毫米，外面密被微柔毛，萼缘被疏柔毛，内面无毛，结果时花萼长 5 毫米，有高 4 毫米的盾片。花冠紫、紫红至蓝色，长 2.3 ～ 3 厘米，外面密被具腺短柔毛，内面在囊状膨大处被短柔毛；冠筒近基部明显膝曲，中部径 1.5 毫米，至喉部宽达 6 毫米；冠檐 2 唇形，上唇盔状，先端微缺，下唇中裂片三角状卵圆形，宽 7.5 毫米，两侧裂片向上唇靠合。雄蕊 4，稍露出，前对较长，具半药，退化半药不明显，后对较短，具全药，药室裂口具白色髯毛，背部具泡状毛；花丝扁平，中部以下前对在内侧后对在两侧被小疏柔毛。花柱细长，先端锐尖，微裂。花盘环状，前方稍增大，后方延伸成极短子房柄。子房褐色，无毛。

果实和种子：小坚果卵球形，黑褐色，具瘤，腹面近基部具果脐。

3. 观察益母草的形态特点

植株特点：草本。

根：有于其上密生须根的主根。

茎：直立，高 30 ～ 120 厘米，钝四棱形，微具槽，有倒向糙伏毛，在节及棱上尤为密集，在基部有时近于无毛，多分枝，或仅于茎中部以上有能育的小枝条。

叶：茎下部叶轮廓为卵形，基部宽楔形，掌状 3 裂，裂片呈长圆状菱形至卵圆形，通常长 2.5 ～ 6 厘米，宽 1.5 ～ 4 厘米，裂片上再分裂，上面绿色，有糙伏毛，叶脉稍下陷，下面淡绿色，被疏柔毛及腺点，叶脉突出，叶柄纤细，长 2 ～ 3 厘米，由于叶基下延而在上部略具翅，腹面具槽，背面圆形，被糙伏毛；茎中部叶轮廓为菱形，较小，通常分裂成 3 个或偶有多个长圆状线形的裂片，基部狭楔形，叶柄长 0.5 ～ 2 厘米；花序最上部的苞叶近于无柄，线形或线状披针形，长 3 ～ 12 厘米，宽 2 ～ 8 毫米，全缘或具稀少牙齿。

花：花序最上部的苞叶近于无柄，线形或线状披针形，长 3 ～ 12 厘米，宽 2 ～ 8 毫米，全缘或具稀少牙齿。轮伞花序腋生，具 8 ～ 15 花，轮廓为圆球形，直径 2 ～ 2.5 厘米，多数远离而组成长穗状花序；小苞片刺状，向上伸出，基部略弯曲，比萼筒短，长约 5 毫米，有贴生的微柔毛；花梗无。花萼管状钟形，长 6 ～ 8 毫米，外面有贴生微柔毛，内面于离基部 1/3 以上被微柔毛，5 脉，显著，齿 5，前 2 齿靠合，长约 3 毫米，后 3 齿较短，等长，长约 2 毫米，齿均宽三角形，先端刺尖。花冠粉红至淡紫红色，长 1 ～ 1.2 厘米，外面于伸出萼筒部分被柔毛，冠筒长约 6 毫米，等大，内面在离基部 1/3 处有近水平方向的不明显鳞毛毛环，毛环在背面间断，其上部多少有鳞状毛，冠檐二唇形，上唇直伸，内凹，长圆形，长约 7 毫米，宽 4 毫米，全缘，内面无毛，边缘具纤毛，下唇略短于上唇，内面在基部疏被鳞状毛，3 裂，中裂片倒心形，先端微缺，边缘薄膜质，基部收缩，侧裂片卵圆形，细小。雄蕊 4，均延伸至上唇片之下，平行，前对较长，花丝丝状，扁平，疏被鳞状毛，花药卵圆形，二室。花柱丝状，略超出于雄蕊而与上唇片等长，无毛，先端相等 2 浅裂，裂片钻形。花盘平顶。子房褐色，无毛。

果实和种子：小坚果长圆状三棱形，长 2.5 毫米，顶端截平而略宽大，基部楔形，淡褐色，光滑。

4. 观察薄荷的形态特点

植株特点：多年生草本。

根：根纤维状，每节的周围生有细小须根。

茎：茎直立，高 30 ～ 60 厘米，下部数节具纤细的须根及水平匍匐根状茎，锐四棱形，具四槽，上部被倒向微柔毛，下部仅沿棱上被微柔毛，多分枝。

叶：叶片长圆状披针形，椭圆形或卵状披针形，稀长圆形，长 3 ～ 5 厘米，宽 0.8 ～ 3 厘米，先端锐尖，基部楔形至近圆形，边缘在基部以上疏生粗大的牙齿状锯齿，侧脉 5 ～ 6 对，沿脉上密生余部疏生微柔毛，或除脉外余部近于无毛，上面淡绿色，通常沿脉上密生微柔毛；叶柄长 2 ～ 10 毫米，腹凹背凸，被微柔毛。

花：轮伞花序腋生，轮廓球形，花时径约 18 毫米，具梗或无梗，具梗时梗可长达 3 毫米，被微柔毛；花梗纤细，长 2.5 毫米，被微柔毛或近于无毛。花萼管状钟形，长约 2.5 毫米，外被微柔毛及腺点，内面无毛，10 脉，不明显，萼齿 5，狭三角状钻形，先端长锐尖，长 1 毫米。花冠淡紫色，长 4 毫米，外面略被微柔毛，内面在喉部以下被微柔毛，冠檐 4 裂，上裂片先端 2 裂，较大，其余 3 裂片近等大，长圆形，先端钝。雄蕊 4，前对较长，长约 5 毫米，均伸出于花冠之外，花丝丝状，无毛，花药卵圆形，2 室，室平行。花柱略超出雄蕊，先端近相等 2 浅裂，裂片钻形。花盘平顶。

果实和种子：小坚果卵珠形，黄褐色，具小腺窝。

（二）观察大戟科植物

1. 观察大戟的形态特点

植株特点：多年生草本。

根：根圆柱状。

茎：茎单生或自基部多分枝，每个分枝上部有 4 ～ 5 个分枝，高 40 ～ 80（90）厘米，直径 3 ～ 6（7）厘米，被柔毛或被少许柔毛或无毛。

叶：叶互生，常为椭圆形，少为披针形或披针状椭圆形，变异较大，先端尖或渐尖，基部渐狭或呈楔形或近圆形或近平截，边缘全缘；主脉明显，侧脉羽状，不明显，叶两面无毛或有时叶背具少许柔毛或被较密的柔毛，变化较大且不稳定。

花：总苞叶 4 ～ 7 枚，长椭圆形，先端尖，基部近平截；伞幅 4 ～ 7；苞叶 2 枚，近圆形，先端具短尖头，基部平截或近平截。花序单生于二歧分枝顶端，无柄；总苞杯状，边缘 4 裂，裂片半圆形，边缘具不明显的缘毛；腺体 4，半圆形或肾状圆形，淡褐色。雄花多数，伸出总苞之外；雌花 1 枚，具较长的子房柄；子房幼时被较密的瘤状突起；花柱 3，分离；柱头 2 裂。

果实和种子：蒴果球状。种子长球状，种阜近盾状，无柄。

2. 观察蓖麻的形态特点

植株特点：一年生粗壮草本或草质灌木。

根：蓖麻的根分主根和侧根。主根粗大向下伸长，深入土层可达 2 ～ 4 米，四周分生许多侧根，侧根 3 ～ 7 条，平展可达 1.5 ～ 2 米。在主根和侧根上，生长着许多支根，并产生若干条带有根毛的小根，构成网状根系。

茎：小枝、叶和花序通常被白霜，茎多液汁。

叶：叶轮廓近圆形，长和宽达 40 厘米或更大，掌状 7 ～ 11 裂，裂缺几达中部，裂片卵状长圆形或披针形，顶端急尖或渐尖，边缘具锯齿；掌状脉 7 ～ 11 条。网脉明显；叶柄粗壮，中空，长可达 40 厘米，顶端具 2 枚盘状腺体，基部具盘状腺体；托叶长三角形，长 2 ～ 3 厘米，早落。

花：总状花序或圆锥花序，长 15 ～ 30 厘米或更长；苞片阔三角形，膜质，早落；雄花：花萼裂片卵状三角形，长 7 ～ 10 毫米；雄蕊束众多；雌花：萼片卵状披针形，长 5 ～ 8 毫米，凋落；子房卵状，直径约 5 毫米，密生软刺或无刺，花柱红色，长约 4 毫米，顶部 2 裂，密生乳头状突起。

果实和种子：蒴果卵球形或近球形，长 1.5 ～ 2.5 厘米，果皮具软刺或平滑；种子椭圆形，微扁平，长 8 ～ 18 毫米，平滑，斑纹淡褐色或灰白色；种阜大。

3. 观察地锦草的形态特点

植株特点：一年生草本。

根：根纤细，长 10 ～ 18 厘米，直径 2 ～ 3 毫米，常不分枝。

茎：茎匍匐，自基部以上多分枝，偶尔先端斜向上伸展，基部常呈红色或淡红色，长达 20（30）厘米，直径 1 ～ 3 毫米，被柔毛或疏柔毛。

叶：叶对生，矩圆形或椭圆形，长 5 ～ 10 毫米，宽 3 ～ 6 毫米，先端钝圆，基部偏斜，略渐狭，边缘常于中部以上具细锯齿；叶面绿色，叶背淡绿色，有时淡红色，两面被疏柔毛；叶柄极短，长 1 ～ 2 毫米。花序单生于叶腋，基部具 1 ～ 3 毫米的短柄。

花：总苞陀螺状，高与直径各约 1 毫米，边缘 4 裂，裂片三角形；腺体 4，矩圆形，边缘具白色或淡红色附属物。雄花数枚，近与总苞边缘等长；雌花 1 枚，子房柄伸出至总苞边缘；子房三棱状卵形，光滑无毛；花柱 3，分离；柱头 2 裂。蒴果三棱状卵球形，长约 2 毫米，直径约 2.2 毫米，成熟时分裂为 3 个分果片，花柱宿存。

果实和种子：种子三棱状卵球形，长约 1.3 毫米，直径约 0.9 毫米，灰色，每个棱面无横沟，无种阜。

（三）观察十字花科植物

1. 观察菘蓝的形态特点

植株特点：二年生草本，高 40 ～ 100 厘米。

根：主根粗，直径 5 ～ 10 毫米，灰黄色。

茎：茎直立，绿色，顶部多分枝，植株光滑无毛，带白粉霜。

叶：基生叶莲座状，长圆形至宽倒披针形，顶端钝或尖，基部渐狭，全缘或稍具波状齿，具柄；基生叶蓝绿色，长椭圆形或长圆状披针形。

花：萼片宽卵形或宽披针形，长 2 ～ 2.5 毫米；花瓣黄白，宽楔形，长 3 ～ 4 毫米，顶端近平截，具短爪。

果实和种子：短角果近长圆形，扁平，无毛，边缘有翅；果梗细长，微下垂。种子长圆形。

2. 观察荠的形态特点

植株特点：一年或二年生草本。

根：主根瘦长，白色，直下，分枝。

茎：茎直立，单一或从下部分枝。

叶：基生叶丛生呈莲座状，大头羽状分裂，长可达 12 厘米，宽可达 2.5 厘米，顶裂片卵形至长圆形，长 5 ～ 30 毫米，宽 2 ～ 20 毫米，侧裂片 3 ～ 8 对，长圆形至卵形，长 5 ～ 15 毫米，顶端渐尖，浅裂，或有不规则粗锯齿或近全缘，叶柄长 5 ～ 40 毫米；茎生叶窄披针形或披针形，长 5 ～ 6.5 毫米，宽 2 ～ 15 毫米，基部箭形，抱茎，边缘有缺刻或锯齿。

花：总状花序顶生及腋生，果期延长达 20 厘米；萼片长圆形；花瓣白色，卵形，有短爪。

果实和种子：短角果呈倒三角形或倒心状三角形，种子 2 行，长椭圆形。

（四）观察夹竹桃科植物

1. 观察夹竹桃的形态特点

植株特点：常绿直立大灌木，高达 5 米。

根：根系发达，毛细根很多。

茎：嫩枝条具棱，被微毛，老时毛脱落。

叶：叶 3 ～ 4 枚轮生，下枝为对生，窄披针形，顶端急尖，基部楔形，叶缘反卷，长 11 ～ 15 厘米，宽 2 ～ 2.5 厘米，叶面深绿，无毛，叶背浅绿色，有多数洼点，幼时被疏微毛，老时毛渐脱落；中脉在叶面陷入，在叶背凸起，侧脉两面扁平，纤细，密生而平行，每边达 120 条，直达叶缘；叶柄扁平，基部稍宽，长 5 ～ 8 毫米，幼时被微毛，老时毛脱落；叶柄内具腺体。

花：聚伞花序顶生，着花数朵；总花梗长约 3 厘米，被微毛；花梗长 7 ～ 10 毫米；苞片披针形，长 7 毫米，宽 1.5 毫米；花芳香；花萼 5 深裂，红色，披针形，长 3 ～ 4 毫米，宽 1.5 ～ 2 毫米，外面无毛，内面基部具腺体；花冠深红色或粉红色，演变有白色或黄色，花冠 5 裂，为漏斗状、钟状、高脚碟状或坛状，花冠筒内面被长柔毛，花冠喉部具 5 片宽鳞片状副花冠，每片顶端撕裂，并伸出花冠喉部之外，花冠裂片倒卵形，顶端圆形，长 1.5 厘米，宽 1 厘米；花冠为重瓣呈 15 ～ 18 枚时，裂片组成三轮，内轮为漏斗状，外面二轮为辐状，分裂至基部或每 2 ～ 3 片基部连合，裂片长 2 ～ 3.5 厘米，宽 1 ～ 2 厘米，每花冠裂片基部具长圆形而顶端撕裂的鳞片；雄蕊着生在花冠筒中部以上，花丝短，被长柔毛，花药箭头状，内藏，与柱头连生，基部具耳，顶端渐尖，药隔延长呈丝状，被柔毛；无花盘；心皮 2，离生，被柔毛，花柱丝状，长 7 ～ 8 毫米，柱头近圆球形，顶端凸尖；每心皮有胚珠多颗。

果实和种子：蓇葖 2，离生，平行或并连，长圆形，两端较窄，长 10 ～ 23 厘米，直径 6 ～ 10 毫米，绿色，无毛，具细纵条纹；种子长圆形，基部较窄，顶端钝、褐色，种皮被锈色短柔毛，顶端具黄褐色绢质种毛；种毛长约 1 厘米。

2. 观察黄蝉的形态特点

植株特点：直立灌木，高 1 ～ 2 米，具乳汁。

根：根系发达，主根圆柱形，有分枝。

茎：枝条灰白色。

叶：叶 3 ～ 5 枚轮生，全缘，椭圆形或倒卵状长圆形，长 6 ～ 12 厘米，宽 2 ～ 4 厘米，先端渐尖或急尖，基部楔形，叶面深绿色，叶背浅绿色，除叶背中脉和侧脉被短柔毛外，其余无毛；叶脉在叶面扁平，在叶背凸起，侧脉每边 7 ～ 12 条，未达边缘即行网结；叶柄极短，基部及腋间具腺体。

花：聚伞花序顶生；总花梗和花梗被秕糠状小柔毛；花橙黄色，长 4 ～ 6 厘米，张口直径约 4 厘米；苞片披针形，着生在花梗的基部；花萼深 5 裂，裂片披针形，内面基部具少数腺体；花冠漏斗状，内面具红褐色条纹，花冠下部圆筒状，长不超过 2 厘米，直径 2 ～ 4 毫米，基部膨大，花喉向上扩大成冠檐，长约 3 厘米，直径约 1.5 厘米，冠檐顶端 5 裂，花冠裂片向左覆盖，裂片卵圆形或圆形，先端钝，长 1.6 ～ 2.0 厘米，宽约 1.7 厘米；雄蕊 5 枚，着生在花冠筒喉部，花丝短，基部被柔毛，花药卵圆形，顶端钝，基部圆形；花盘肉质全缘，环绕子房基部；子房全缘，1 室，花柱丝状，柱头顶端钝，基部环状。

果实和种子：蒴果球形，具长刺，直径约 3 厘米；种子扁平，具薄膜质边缘，长约 2 厘米，宽 1.5 厘米。

3. 观察长春花的形态特点

植株特点：半灌木，略有分枝。

根：根系发达，毛细根很多。

茎：茎近方形，有条纹，灰绿色。

叶：叶膜质，倒卵状长圆形，先端浑圆，有短尖头，基部广楔形至楔形，渐狭而成叶柄；叶脉在叶面扁平，在叶背略隆起，侧脉约 8 对。

花：聚伞花序腋生或顶生；花萼 5 深裂，内面无腺体或腺体不明显，萼片披针形或钻状渐尖，长约 3 毫米；花冠红色，高脚碟状，花冠筒圆筒状，内面具疏柔毛，喉部紧缩，具刚毛；花冠裂片宽倒卵形；雄蕊着生于花冠筒的上半部，但花药隐藏于花喉之内，与柱头离生；子房和花盘与属的特征相同。

果实和种子：蓇葖双生，外果皮厚纸质，有条纹，被柔毛；种子黑色，长圆状圆筒形，两端截形，具有颗粒状小瘤。

4. 观察羊角拗的形态特点

植株特点：灌木，高达 2 米，全株无毛。

根：根圆柱形。

茎：小枝圆柱形，棕褐色或暗紫色，密被灰白色圆形的皮孔。

叶：叶薄纸质，椭圆状长圆形或椭圆形，顶端短，渐尖或急尖，基部楔形，边缘全缘或有时略带微波状，叶面深绿色，叶背浅绿色，两面无毛；中脉在叶面扁平或凹陷，在叶背略凸起，侧脉通常每边 6 条，斜曲上升，叶缘前网结。

花：聚伞花序顶生，通常着花 3 朵，无毛；苞片和小苞片线状披针形；花黄色；花萼筒长 5 毫米，萼片披针形，顶端长渐尖，绿色或黄绿色，内面基部有腺体；花冠漏斗状，花冠筒淡黄色，下部圆筒状，上部渐扩大呈钟状，内面被疏短柔毛，花冠裂片黄色外弯，基部卵状披针形，顶端延长成一长尾带状，裂片内面具有 10 枚舌状鳞片组成的副花冠，高出花冠喉部，白黄色，鳞片每 2 枚基部合生，生于花冠裂片之间，顶部截形或微凹；雄蕊内藏，着生在冠檐基部，花丝延长至花冠筒上呈肋状凸起，被短柔毛，花药箭头形，基部具耳，药隔顶部渐尖成一尾状体，不伸出花冠喉部，各药相连，腹部粘于柱头上；子房半下位，由 2 枚离生心皮组成，无毛，花柱圆柱状，柱头棍棒状，顶端浅裂，每心皮有胚珠多颗；无花盘。

果实和种子：蓇葖广叉开，木质，椭圆状长圆形，顶端渐尖，基部膨大；种子纺锤形、扁平，轮生着白色绢质种毛。

（五）观察百合科植物

1. 观察百合的形态特点

植株特点：多年生草本，株高 70 ～ 150 厘米。

根：根分为肉质根和纤维状根两类。

茎：鳞茎球形，鳞片披针形，茎高 0.7 ～ 2 米，有的有紫色条纹，有的下部有小乳头状突起。

叶：叶散生，通常自下向上渐小，披针形、窄披针形至条形。

花：花单生或几朵排成近伞形；苞片披针形；花喇叭形，有香气，乳白色，外面稍带紫色，无斑点，向外张开或先端外弯而不卷；外轮花被片宽 2.0 ～ 4.3 厘米，先端尖；内轮花被片宽 3.4 ～ 5.0 厘米，蜜腺两边具小乳头状突起；雄蕊向上弯，花丝长 10 ～ 13 厘米，中部以下密被柔毛，少有具稀疏的毛或无毛；花药长椭圆形，长 1.1 ～ 1.6 厘米；子房圆柱形，柱头 3 裂。

果实和种子：蒴果矩圆形，有棱，具多数种子。

2. 观察天门冬的形态特点

植株特点：攀缘植物。

根：根在中部或近末端呈纺锤状膨大。

茎：茎平滑，常弯曲或扭曲，长可达 1 ～ 2 米，分枝具棱或狭翅。

叶：叶状枝通常每 3 枚成簇，扁平或由于中脉龙骨状而略呈锐三棱形，稍镰刀状，长 0.5 ～ 8.0 厘米，宽 1 ～ 2 毫米；茎上的鳞片状叶基部延伸为长 2.5 ～ 3.5 毫米的硬刺，在分枝上的刺较短或不明显。

花：花通常每 2 朵腋生，淡绿色；花梗长 2 ～ 6 毫米，关节一般位于中部，有时位置有变化；雄花花被长 2.5 ～ 3.0 毫米；花丝不贴生于花被片上；雌花大小和雄花相似。

果实和种子：浆果直径 6 ～ 7 毫米，熟时红色，有 1 颗种子。

3. 观察七叶一枝花的形态特点

植株特点：植株高 35 ～ 100 厘米，无毛。

根：根状茎棕褐色，横走，肥厚，结节明显，须根多。

茎：根状茎粗厚，直径达 1.0 ～ 2.5 厘米，外面棕褐色，密生多数环节和许多须根。茎通常带紫红色，基部有灰白色干膜质的鞘 1 ～ 3 枚。

叶：叶（5 ～）7 ～ 10 枚，矩圆形、椭圆形或倒卵状披针形，先端短尖或渐尖，基部圆形或宽楔形；叶柄明显，带紫红色。

花：外轮花被片绿色，（3 ～）4 ～ 6 枚，狭卵状披针形；内轮花被片狭条形，通常比外轮长；雄蕊 8 ～ 12 枚，花药短，与花丝近等长或稍长，药隔突出部分长 0.5 ～ 1.0（～ 2.0）毫米；子房近球形，具棱，顶端具一盘状花柱基，花柱粗短。

果实和种子：蒴果紫色，3 ～ 6 瓣裂开。种子多数，具鲜红色多浆汁的外种皮。

4. 观察芦荟的形态特点

植株特点：多年生草本。

根：须根。

茎：茎较短。

叶：叶近簇生或稍二列（幼小植株），肥厚多汁，条状披针形，顶端有几个小齿，边缘疏生刺状小齿。

花：花葶不分枝或有时稍分枝；总状花序具几十朵花；苞片近披针形，先端锐尖；花点垂，稀疏排列，淡黄色而有红斑；花被裂片先端稍外弯；雄蕊与花被近等长或略长，花柱明显伸出花被外。

（六）观察毛茛科植物

1. 观察芍药的形态特点

植株特点：多年生草本。

根：根粗壮，分枝黑褐色。

茎：茎高 40 ～ 70 厘米，无毛。

叶：下部茎生叶为二回三出复叶，上部茎生叶为三出复叶；小叶狭卵形，椭圆形或披针形，顶端渐尖，基部楔形或偏斜，边缘具白色骨质细齿，两面无毛，背面沿叶脉疏生短柔毛。

花：花数朵，生于茎顶和叶腋，有时仅顶端一朵开放，而近顶端叶腋处有发育不好的花芽，直径 8.0 ～ 11.5 厘米；苞片 4 ～ 5，披针形，大小不等；萼片 4，宽卵形或近圆形，长 1.0 ～ 1.5 厘米，宽 1.0 ～ 1.7 厘米；花瓣 9 ～ 13，倒卵形，长 3.5 ～ 6.0 厘米，宽 1.5 ～ 4.5 厘米，白色，有时基部具深紫色斑块；花丝长 0.7 ～ 1.2 厘米，黄色；花盘浅杯状，包裹心皮基部，顶端裂片钝圆；心皮 4 ～ 5（～ 2），无毛。

果实和种子：蓇葖长 2.5 ～ 3.0 厘米，直径 1.2 ～ 1.5 厘米，顶端具喙。

2. 观察黄连的形态特点

植株特点：多年生草本。

根状茎：黄色，常分枝，密生多数须根。

叶：叶片稍带革质，卵状三角形，三全裂，中央全裂片卵状菱形，顶端急尖，具长0.8～1.8厘米的细柄，3或5对羽状深裂，在下面分裂最深，深裂片彼此相距2～6毫米，边缘生具细刺尖的锐锯齿，侧全裂片具长1.5～5.0毫米的柄，斜卵形，比中央全裂片短，不等二深裂，两面的叶脉隆起，除表面沿脉被短柔毛外，其余无毛；叶柄无毛。

花：花葶1～2条，高12～25厘米；二歧或多歧聚伞花序，有3～8朵花；苞片披针形，三或五羽状深裂；萼片黄绿色，长椭圆状卵形；花瓣线形或线状披针形，长5.0～6.5毫米，顶端渐尖，中央有蜜槽；雄蕊约20；心皮8～12，花柱微外弯。

果实和种子：蓇葖果，种子长椭圆形。

3. 观察升麻的形态特点

植株特点：多年生草本。

根：根状茎粗壮，坚实而稍带木质，外皮黑色，生多数细根。

茎：根状茎粗壮，坚实，表面黑色，有许多内陷的圆洞状老茎残迹。茎基部粗达1.4厘米，微具槽，分枝，被短柔毛。

叶：叶为二至三回三出羽状复叶；茎下部叶的叶片呈三角形；顶生小叶具长柄，菱形，常浅裂，边缘有锯齿，侧生小叶具短柄或无柄，斜卵形，比顶生小叶略小，表面无毛，背面沿脉疏被白色柔毛；上部的茎生叶较小，具短柄或无柄。

花：花序具分枝3～20条；花序轴密被灰色或锈色的腺毛及短毛；苞片钻形，比花梗短；花两性；萼片倒卵状圆形，白色或绿白色；退化雄蕊宽椭圆形，顶端微凹或二浅裂，几膜质；雄蕊长4～7毫米，花药黄色或黄白色；心皮2～5，密被灰色毛，无柄或有极短的柄。

果实和种子：蓇葖长圆形，有伏毛，基部渐狭成长2～3毫米的柄，顶端有短喙；种子椭圆形，褐色，有横向的膜质鳞翅，四周有鳞翅。

（七）观察豆科植物

1. 观察决明的形态特点

植株特点：一年生亚灌木状草本。

根：根部常有固氮作用的根瘤。

茎：高达2米。

叶：羽状复叶长4～8厘米，叶柄上无腺体，叶轴上每对小叶间有1棒状腺体；小叶3对，倒卵形或倒卵状长椭圆形，长2～6厘米，先端圆钝而有小尖头，基部渐窄，偏斜，上面被稀疏柔毛，下面被柔毛；小叶柄长1.5～2.0毫米；托叶线状，被柔毛，早落。

花：花腋生，通常2朵聚生；花序梗长0.6～1.0厘米；花梗长1.0～1.5厘米；萼片稍不等大，卵形或卵状长圆形，外面被柔毛，长约8毫米；花瓣黄色，下面2片稍长，长1.2～1.5厘米；能育雄蕊7，花药四方形，顶孔开裂，长约4毫米，花丝短于花药；子房无柄，被白色柔毛。

果实和种子：荚果纤细，近四棱形，两端渐尖，长达15厘米，宽3～4毫米，膜质；种子约25，棱形，光亮。

2. 观察蒙古黄芪的形态特点

植株特点：多年生草本。

根：主根肥厚，木质，常分枝，灰白色。

茎：高 50 ～ 100 厘米，茎直立，上部多分枝，有细棱，被白色柔毛。

叶：羽状复叶有 13 ～ 27 片小叶，长 5 ～ 10 厘米；叶柄长 0.5 ～ 1.0 厘米；托叶离生，卵形，披针形或线状披针形，长 4 ～ 10 毫米，下面被白色柔毛或近无毛；小叶椭圆形或长圆状卵形，长 7 ～ 30 毫米，宽 3 ～ 12 毫米，先端钝圆或微凹，具小尖头或不明显，基部圆形，上面绿色，近无毛，下面被伏贴白色柔毛。

花：总状花序稍密，有 10 ～ 20 朵花；总花梗与叶近等长或较长，至果期显著伸长；苞片线状披针形，长 2 ～ 5 毫米，背面被白色柔毛；花梗长 3 ～ 4 毫米，连同花序轴稍密被棕色或黑色柔毛；小苞片 2；花萼钟状，长 5 ～ 7 毫米，外面被白色或黑色柔毛，有时萼筒近于无毛，仅萼齿有毛，萼齿短，三角形至钻形，长仅为萼筒的 1/5 ～ 1/4；花冠黄色或淡黄色，旗瓣倒卵形，长 12 ～ 20 毫米，顶端微凹，基部具短瓣柄，翼瓣较旗瓣稍短，瓣片长圆形，基部具短耳，瓣柄较瓣片长约 1.5 倍，龙骨瓣与翼瓣近等长，瓣片半卵形，瓣柄较瓣片稍长；子房有柄，被细柔毛。

果实和种子：荚果薄膜质，稍膨胀，半椭圆形，长 20 ～ 30 毫米，宽 8 ～ 12 毫米，顶端具刺尖，两面被白色或黑色细短柔毛，果颈超出萼外；种子 3 ～ 8 颗。

【作业】

1. 总结唇形科植物鉴定的重要特点。
2. 总结大戟科植物鉴定的重要特点。
3. 总结十字花科植物鉴定的重要特点。
4. 总结夹竹桃科植物鉴定的重要特点。
5. 总结百合科植物鉴定的重要特点。

【思考题】

1. 唇形科植物除了唇形花冠外，营养器官形态性状上有什么典型结构？除了唇形科植物还有哪些植物具有相似的营养器官形态特点？
2. 大戟花序的特点是什么？
3. 夹竹桃科植物繁育器官的特点是什么？

实验十　应用检索工具进行未知药用植物的分类学鉴定

【目的与要求】

1. 通过对校园植物的观察、调查，列表所观察植物的形态特点，培养学生自主学习和研究的能力。

2. 让学生识别本校园内的植物所属科属，并学会根据植物的形态特点进行分类。

3. 通过标本、图示等方法，归纳植物分类的方法和所观察植物的关键鉴别性状。

4. 阐明药用植物分类的意义。

【材料与用具】

高枝剪、枝剪、剪刀、标本袋、挂签、采集记录表、记号笔、记录本、标本夹、报纸、台纸、针线、插排、暖风机、解剖针、放大镜、显微镜等。

【实验场所】

校园、公园或植物园等场所。

【内容与方法】

（一）校园植物的采集

学生们在教师的带领下，到户外以小组形式对植物进行观察和描述，并记录下各种植物名称和特性。学生在老师的指导下，通过讨论等方式辨认采集到的植物，加深记忆。最后学生负责拍摄记录植物的形态和采集讲解过的植物，整理和对照植物照片，并在网上适当扩充对植物的了解。

（二）鉴定所采集的植物

1.《中国植物志》线上版的使用。学生首先观察植物，按照根、茎、叶、花、果实和种子的顺序进行观察，小组内讨论总结并记下植物形态性状。在教师的讲解下，学生了解二歧检索表的使用（附录7），并根据所要鉴定的植物从单/双子叶植物、科、属、种的顺序依次分类鉴定，并记录下检索过程和所鉴定物种。

2. 手机APP的检索工具的使用。学生提前在手机里下载辨认植物的APP软件，在校园观察过程中可以根据遇到的植物进行简单识别。

（三）标本的压制和制作

2～3人为一组，每组在课前在校园范围内采集植物2种。木本植物采集时选择正常生长无病虫害的植株作为采集对象，所采植株带有枝条、叶、花或果实，必要时采集一部分树皮。草本植物必须采集带根的全草，即地下部分（根和茎）和叶、花、果实、种子，并做好相应的采集记录。

（四）检索表的编制

通过查阅《中国植物志》、地方植物志等相关资料，获得校园内药用植物资源信息。此部分由学生主导，教师辅助完成。根据每组采集的植物，学生自主选择 10 种植物，比较植物形态、性状的异同点，总结后编制检索表。

【作业】

1. 将采集到的植物带到实验室，借助解剖针和放大镜、显微镜等工具，观察校园植物不同的组织和器官，并结合图片辨别其不同。完成该植物的采集记录表和鉴定签；完成该植物的标本制作。

2. 拍摄该植物的高清照片（生境及各器官部位），以“种名+拍照人姓名+学号”的格式来命名照片。

3. 选取 10 种校园植物，编制植物检索表。

示例如下：

小组成员：

【植株形态性状描述】（根据植物特点可删减）

1. 习性　一年生、多年生；陆生、水生等。

2. 根　直根系或须根系，有无变态根，有则描述形态。

3. 茎　形态、形状、有无被毛、有无变态茎等。

4. 叶　叶序、叶形、叶端、叶基、叶脉等。

5. 花　单性花或两性花，花序、雄蕊、雌蕊。

6. 果实　类型、颜色、形状等。

7. 种子　类型、颜色、形状等。

【检索过程】利用《中国植物志》进行科、属、种的检索，至少检索到属，并记录下二歧检索表。

【花图示或花方程式】

【思考题】

1. 为了全面反映植物的形态特征和生境，拍照时应注意哪些事项？

2. 如何在较短的时间内，根据植物的形态特征辨别相似的植物？

实验十一　植物标本采集与制作

【目的与要求】

1. 学会植物标本的采集、制作和保存方法。

2. 列举各类植物的采集原则。

3. 描述所采集的植物标本特征，进行准确鉴别和分类。

【材料与用具】

标本夹、吸水纸、采集袋、小枝剪、高枝剪、标本、台纸、铅笔、小刀、镊子、白纸条、大针、机线、乳白胶、采集记录表、采集号签、标本鉴定签、剪刀、毛笔、胶水、放大镜等。

《中国高等植物图鉴》《中国植物志》《广西植物志》等工具书。

【内容与方法】

（一）种子植物的野外观察、采集、记录

1. 野外观察　种子植物种类繁多，全世界有20余万种，分别生活在不同的环境中。种子植物的形态特征及繁殖方式，与环境条件有着密切的联系。在野外观察种子植物时，要了解植物所处的环境和形态特征，以及形态特征与环境之间的相互关系。

随着生长季节的不同，植物生长发育所处阶段不同。在同一季节，不同植物所处的生长发育阶段不同，有的植物正开花，有的已结果，有的以果实或种子埋没于土壤处于休眠状态。多选择在春夏季进行野外观察，主要选取有花、果的植物解剖，以掌握这种植物的特点。

在野外观察一种植物时，主要从以下几方面入手。

（1）了解植物所处环境：植物生长地的环境包括地形、坡度、坡向、光照、水湿状况、同生植物，以及动物的活动情况等。观察的时候，尽量全面细致。

（2）观察植物习性：野外观察时要确定该种植物是草本或木本。如果是草本，是一年生、二年生，或多年生；是直立草本，或草质藤本；如果是木本，是乔木、灌木，或半灌木；是常绿植物，或落叶植物。同时要注意是肉质植物，或非肉质植物；是陆生植物、水生植物，或湿生植物；是自养植物、寄生植物、附生植物，或腐生植物。

同时还要注意观察植物的生长状态，是直立、斜依、平卧、匍匐、攀缘，或缠绕。

（3）种子植物的观察：典型的种子植物包括根、茎、叶、花、果实和种子六部分。在观察植物各部分特征时，要按照根、茎、叶、花、果实的顺序。先用肉眼观察，后借助放大镜，注意植物各部分所处的位置、形态、大小、质地、颜色、气味，其上有无附属物以及附属物的特征，折断后有无浆汁流出等。特别是花果，作为高等植物分类的基础，对于花的观察要从花柄开始，沿着花萼、花瓣和雄蕊，直到柱头的顶部，从下到上，从外到内进行观察。

对植物的根、茎、叶、花、果实进行观察时，需要注意以下内容。

1）根的观察：注意判断待观察植物属于直根系或须根系，是块根或圆锥根，是气生根或寄生根。

2）茎的观察：要注意判断是圆茎、方茎、三棱形茎或多棱形茎，是实心或空心；茎的节

和节间是否明显，是匍匐茎、平卧茎、直立茎、攀缘茎或缠绕茎；茎是根状茎、块茎、鳞茎、球茎或肉质茎。

3）叶的观察：要注意判断是单叶或复叶。如果是复叶，属于奇数羽状复叶、偶数羽状复叶、二回偶数羽状复叶，或是掌状复叶；是单身复叶、掌状三小叶，或羽状三小叶等。叶的排列方式是对生、互生、轮生、簇生，或基生。叶脉是平行脉、网状脉、羽状脉、弧形脉，或是三出脉。叶的形状（如圆形、心形等），叶基的形状，叶端的形状，叶缘、托叶以及有无附属物等都要作全面观察。

4）花的观察：首先，观察花是单生，或是很多小花组成的花序。如果是花序，属于何种类型。然后，观察花是两性花、单性花，或是杂性花；如果是单性花，要看雌雄同株，或是雌雄异株。接着，对花被进行观察，看花萼与花瓣有无区别，是单被花或双被花；是合瓣花或离瓣花。雄蕊是由多少枚组成，排列如何，合生否，与花瓣的排列是互生还是对生，有无附属物或退化雄蕊存在，单体雄蕊、四强雄蕊、二强雄蕊、二体雄蕊或聚药雄蕊等都要仔细观察。对于雌蕊，应观察心皮数目，合生或离生；胎座类型、胚珠数、子房的形状，子房是上位或是下位、半下位。花柱、柱头等都要认真观察。

5）果实的观察：主要是分清果实所属的类型，其次是大小、附属物的有无、果实的形状。

（4）木本和草本植物的观察：除对种子植物观察的一般方法，对于木本和草本植物的特殊之处还需要注意下面两点。

1）观察木本植物时，要注意树形（主要是树冠的形状）。树种不同，或同一树种所处的环境条件不同，树冠的形状也不尽相同，一般可分为圆锥形、圆柱形、卵圆形、阔卵形、圆球形、倒卵形、扁球形、伞形、茶杯形等。

观察树皮的颜色、厚度，是否平滑，是否有开裂，开裂的深浅和形状等都是识别木本植物的特征。

观察树皮上的皮孔形状、大小、颜色、数量及分布情况等，因树种不同亦有差异，可帮助识别树种。

同时，还要注意观察木本植物枝条的髓部，了解髓的有无、形状、颜色及质地等。

茎或枝上的叶痕形状，维管束痕（叶迹）的形状及数目，芽着生的位置或性质等，也是识别树种的依据。

2）在观察草本植物时，要注意观察植物的地下部分，有些草本植物具地下茎。一般地下茎在外表上与地上茎不同，常与根混淆。因此，在观察草本植物的地下部分时，要注意地下茎和根的区别。

综上所述，在野外观察一种植物时，从植物所处的环境到植物的个体，从个体的外部形态到内部结构都要仔细观察，既要注意植物种的一般性、代表性，也要能注意到个别和特殊的特征。

2. 植物标本的采集　植物标本（或腊叶标本），是由一株植物或植物的一部分经过压制干燥而制成。因此，在野外采集时，选材、压制及对植物的记录，应尽量要求完备。

（1）采集植物标本时，应注意的事项

1）判断一株植物是否需要采集时，首先要考虑需要哪一部分或哪一枝，要采多大最为理想，标本的尺度以台纸的尺度为准。每种植物应采若干份，具体份数要结合该植物种类的性质和需要数量来决定。一般至少采两份，一份作学习观察之用，另一份送交植物标本室保存；同时，采集时应尽可能多带一些花，以作室内解剖观察之用。在采集复份标本时，必须注意采的植物应为同一种。

2）植物的花、果实是目前种子植物在分类学上鉴定的主要依据，采集时须选多花多果的枝来采。倘若一枝上仅有一朵或数朵花时，可多采同株植物上一些短的花果枝，经干制后置于纸袋内，固定在标本上；如果是雌雄异株的植物，则力求两者皆能采到，才能有利于鉴定。

3）一份完整的标本，除有花果外，还需要有营养体的部分，故要选择生长状况好、无病虫害发生的，而且具有代表性的植物体作为标本。同时，标本上要具有二年生枝条，因为当年生枝条尚未定型，变化较大，不易鉴别。

4）采集草本植物时，要采全株，而且要有地下部分的根茎和根。若有鳞茎、块茎的则必须采到，这样才能显示出该植物是一年生、两年生或多年生，有助于提高鉴定的准确性。

5）每采好一种植物标本后，应立即挂上对应的号牌。号牌可用硬纸做成，长 3 ～ 5cm，宽 15 ～ 30mm，且号牌上的信息必须用铅笔填写。此外，应注意核对编号，确保号牌上的编号与采集记录表上的编号一致。

（2）采集特殊植物的方法

1）棕榈类植物：通常有大型的掌状叶和羽状复叶，可只采一部分（这一部分应小于台纸），但是必须把全株的高度、茎的粗度、叶的长度和宽度、裂片或小叶的数目、叶柄的长度等信息写在采集记录表上。叶柄上如有刺，也要取一小部分保存。棕榈类植物的花序往往很大，不同种植物的花序着生部位也不同，有生在顶端的，有生在叶腋的，也有生在叶鞘下面的。如果不能全部压制，必须详细地记下花序的长度、阔度和着生部位。

2）水生有花植物：有的种类具有地下茎，有的种类叶柄和花柄随着水的深度增加而增长。因此，对于水生有花植物，需要采一段地下茎来观察叶柄和花柄着生的情况。此外，有的水生植物，茎叶非常纤细、脆弱，一露出水面枝叶就会粘贴重叠。因此，需成束地捞起来，用湿纸包好或装在布袋里带回实验室，置于盛有水的器具里，待其恢复原状后，用一张报纸，放在浮水的标本下面，把标本轻轻地托出水面，连同报纸一起用干纸夹好，固定压制。压上以后要勤换纸，直至把标本的水分吸干为止。

3）寄生植物：高等植物中，有一些属于寄生植物，如列当、槲寄生、桑寄生等都是寄生在其他植物体上。采集这类植物的时候，必须连同它所寄生的部分一起采下，并且要详细记录寄生植物的种类、形状、同寄主植物的关系。

3. 野外记录　在野外采集标本时，必须准确记录植物标本的信息。记录的方式分为两种：一种为日记，另一种为填写印好的表格。日记适用于日常观察记载，表格则更适用于采集记录。野外采集每一种植物标本时，都需填写一份采集记录表。

在填写采集记录表时，应注意下列几点。

（1）填写时要认真细致，确保内容准确无误、简洁扼要。

（2）采集记录表上的编号必须与标本上挂的号牌编号一致。

（3）填写植物的根、茎、叶、花、果特征时，应注意记录一些在经过压制干燥后，易于失去的特征（如颜色、气味、质地等）。

（4）填写好的表格，应按采集号的顺序编成册，避免遗失、污损。

（二）压制植物标本

在野外将植物标本采集好后，可就地进行压制，亦可带回实验室压制；将标本带回压制时，需注意避免标本萎蔫卷缩（尤其是草本植物，采集后若不及时压制，会导致萎蔫卷缩），以免增加压制难度，确保标本的质量。

所采到的标本要及时压制，对一般植物，采用干压法，就是把标本夹的两块板打开，用有绳的一块平放于底面，上面铺上四五张吸水纸，放上一枝标本，盖上两三张吸水纸，再放上一枝标本（放标本时应注意：第一，要整齐平坦，不要把上、下两枝标本的顶端放在夹板的同一端；第二，每枝标本要有一两片叶子背面朝上），摞到一定的高度后（30～50cm不等），上面多放几张吸水纸，同时放上另一块不带绳子的夹板。压标本者需跨坐在夹板的一端，用底板的绳子绑好一端，绑的时候略微施加一些压力，同时在另一端用同样大的力顺势压下去，使两端高低一致。然后，以手摁着绑夹板的一端，将身体移开，改用一脚踏压，用绳子将夹板固定。

压制过程中，标本的任何一部分都不能露出吸水纸外。如果植物标本的花果比较大，压制的时候常常因为突起而造成空隙，使一部分叶子卷缩起来；在压制这类标本的时候，需用吸水纸折好将空隙填平，使得全部枝叶承受同样的压力。新压制的标本，经过半天到一天需更换一次吸水纸，以免标本腐烂发霉。换下来的湿纸，需晒干或烘干、烤干，以便循环使用。换吸水纸的时候，要注意将重压的枝条，折叠着的叶和花等小心地展开、整理好；如果发现枝叶过密，可以剪去一部分。如果叶和花、果脱落，需将其装在纸袋里保存，袋上标明原标本的编号。

经过8～9天的压制，标本便完全干燥。此时，叶子较脆易折断，标本亦不再有初采时的新鲜颜色。

针叶树标本在压制过程中，针叶很容易脱落。为了避免针叶过多脱落，采集后需置于酒精或沸腾的开水里浸泡片刻。

多肉植物（如石蒜种、百合种、景天种、天南星科等）标本不易干燥，完全干燥通常需一个月以上。有些多肉植物在压制过程中，还能继续生长。因此，多肉植物采摘后必须先用开水或药物处理，使其失去生长能力，然后再进行压制。需注意的是，多肉植物的花严禁置于沸水中浸泡。

在压制肉质而多髓心的茎，以及肉质的地下块根、块茎、鳞茎、肉质且多汁的花果时，可将其剖开，压制其一部分。压制的部分必须具有代表性，同时要详细记录其形状、颜色、大小、质地等信息。

对于一些珍贵的植物及个别特殊的植物，在采集或压制处理前，除详细记录外，需对标本植物进行拍照，并将照片和标本附在一起。

标本压制干燥后，需按照号码顺序将其整理好，用一张纸把同一个号码的正副分标本隔开，再用一张纸把这个号码的标本夹套成一包，然后在纸包表面右下角写上标本的编号。每20包按照编号捆成一包，以便储存或运输。

（三）植物标本的制作

1. 上台纸　已压干的植物标本，经消毒处理后，按照原来登记的编号将标本一枝枝地取出来，标本的背面用毛笔薄薄地涂上一层乳白胶，然后贴在台纸上。台纸由硬纸制作，一般长 42cm，宽 29cm，也可稍有出入。如果标本比台纸大，可以适当修剪，但是顶部必须保留。每贴好十几份，就捆成一捆，用重物压上，让标本和台纸胶结在一起。用重物压过以后，将植物标本取出，置于玻璃板或木板上，然后在枝叶的主脉附近，顺着枝、叶的方向，用小刀在台纸上各切一小长口，用镊子夹一个小纸条插入小长口里，拉紧，涂胶，贴在台纸背面。每一枝标本，最少要贴 5 ～ 6 个小纸条，遇到多花多叶的标本，需要贴 30 ～ 40 个；有的标本枝条很粗，或者果实比较大，以致不易贴结实，可选用棉线缝在台纸上，注意缝的线在台纸背面要整齐排列，不要重叠，并且最后的线头要拉紧。有些植物标本的叶、花及果实等容易脱落，需把脱落的叶、花、果实等装在牛皮纸袋内，并将纸袋贴于标本台纸的左下角。有些珍稀标本，如原始标本（模式标本）很难获得，应该在台纸上贴一张玻璃纸或透明纸，避免磨损。

2. 登记和编号 植物标本上了台纸后，要将已写好的采集记录表贴于台纸左上角，需注明标本的学名、科名、采集人、采集地点、采集日期等信息。

每一份标本都要做好编号，并确保野外植物采集记录本、野外植物采集记录表、卡片、鉴定标签上的同一份标本的编号要一致。

3. 标本鉴定 结合植物标本和野外采集记录表上的信息，仔细查找工具书，核对标本的名称、分类地位等。如已鉴定完毕，需及时填好鉴定签并贴于台纸的右下角。

（四）植物标本的保存

1. 腊叶标本的保存 如何保存植物标本很重要，尤其在潮湿且昆虫多的地区，应特别重视。贮藏植物标本的位置，一般选择在干燥、通风条件较好的地方。

植物标本易受虫害（啮虫、甲虫、蛾等幼虫）影响，对于这类虫害，一般可用药剂来防除。

（1）在上台纸前，用氯化汞溶液消毒。具体做法不一，可将植物标本浸在里面，也可用喷雾器往标本上喷，或是用笔涂。用氯化汞消毒的标本，台纸上要注明“涂毒”等字样。氯化汞在空气中散发会对人体产生危害，因此使用的时候需注意安全。

（2）标本柜里放置焦油脑、樟脑精等药品。

（3）采用二硫化碳熏蒸。

（4）在标本橱里放置精萘粉：将精萘粉用软纸包成若干小包（每包 100 ～ 150 克），分别置于标本橱的每个格里，该方法简便易行，且效果较好。

2. 取放标本时应注意的事项 对标本尤其是原始标本取放的时候，注意轻拿轻放，以免出现折痕。查看标本的时候顺次翻阅几份或者几十份标本，应注意随手叠放整齐。在查看标本的时候，顺着次序翻阅以后，要注意按照相反的次序，一份一份地翻回。同时，查阅后的标本尤其是原来收藏在标本橱里的标本，必须及时放回原处。

【作业】

1. 每组采集 10 ～ 20 种植物，并拍摄原植物照片、药用部位照片、生境照片等，制作野外植物采集记录表，见表 11-1。

表 11-1　野外植物采集记录表

样品编号：		重量：
植物名：	药材名：	入药部位：
学名：		科名：
采集人：		采集时间：
采集地点：		鉴定人：
功效及应用：		
备注：		

注：（1）药材样品编号为采集日期（6 位，YYMMDD）+编号（000–999）+YC。

（2）将采集到的每组植物，做成腊叶标本。

2. 结合《中国植物志》《广西植物志》等相关书籍，查阅所采集植物的信息，了解其相关的典籍故事，并以小组的形式进行沟通交流。

实验十二　校园植物的观察与识别

【目的与要求】

1. 通过对校园植物的观察、调查、研究，使学生能够运用植物分类方法，对观察区域内的植物进行分类，培养学生的观察力和自主学习能力。

2. 辨别校园内的植物类型及其所属科、目，描述相关特性。

3. 培养学生对药用植物学的兴趣，加深对药用植物学的理解。

【材料与用具】

照相机、笔记本、笔、检索表、采集袋、解剖针、放大镜、显微镜等。

【实验场所】

校园。

【内容与方法】

1. 由老师带领学生到校园一角进行现场讲解，学生边听边记录下代表性植物的名称和特性（可参考实验九中代表性植物的部分内容）。老师讲解完后，由学生辨认并对植物进行拍照。最后，对照植物照片整理记录内容，并在网上适当扩充对植物的了解。

2. 通过查阅《中国植物志》、地方植物志等相关资料，获得校园内药用植物资源的信息。此部分由学生主导，教师辅助完成。

3. 由学生负责拍摄记录植物的形态，并采集讲解过的植物。

在记录每一种药用植物资源个体的种类信息的同时，还需拍摄药用植物资源及其所在位置的生态环境的清晰照片（影像）。具体拍摄要求如下。

（1）每一种药用植物资源个体，至少拍摄 3 张整体及特写照片。

（2）每一种重点调查药用植物资源，至少拍摄 3 张药用部位照片。

（3）每一种药用植物资源的每一种生境，至少拍摄 3 张照片。

【作业】

1. 将采集的植物进行编号，借助解剖针和放大镜、显微镜等工具，观察所采集校园植物不同的组织和器官，并结合图片辨别其不同。

2. 将校园常见植物及其生活型以表 12-1 形式列出。

表 12-1　校园常见植物及其生活型信息表

序号	种名	科名	形态特征	生态习性
举例：1	鹅掌柴 *Schefflera octophylla* (Lour.) Harms	五加科 Araliaceae	常绿乔木或灌木	生于土质深厚肥沃的酸性土中，稍耐瘠

续表

序号	种名	科名	形态特征	生态习性

注：根据调查的实际情况加行。

3. 将校园中的药用植物以表 12-2 形式列出。

表 12-2　校园药用植物资源名录

序号	基源			药材	
	科名	种中文名	种拉丁名	药材名	入药部位

注：根据实际情况可加行。

【思考题】

1. 如何在较短的时间内，根据植物的形态特征辨别相似的植物？
2. 为了全面反映植物的形态特征和生境，拍照时应注意哪些事项？
3. 校园药用植物中，有哪些为本地特有的药用植物？

实验十三　野生药用植物资源调查与野外实习

【目的与要求】

1. 通过野生药用植物资源的实地勘察，能够细列所调查区域的植被类型、药用植物种类、分布并能够概算出各种药用植物的蕴藏量。

2. 通过野外调查，能够采集野生药材样品、种质资源，并学会拍摄野生药用植物的照片、影像，获取影音资料。

3. 学会药用植物资源调查方法。

【材料与用具】

样方绳、样地编号牌、调查表格、GPS 定位仪、照相机、智能手机、植物种属检索表、铅笔、放大镜、镊子、刀片、帽子、水壶、干粮、雨具、手电筒、急救药品等。

【内容与方法】

（一）野外教学基地选择

基地应选择地形地貌复杂的环境。某个地区如果地形地貌越复杂，地质构造越古老，植物资源越丰富，越适合作为实习基地。要注意收集和积累野外实习基地基础资料。基础资料一般应包括以下几个方面。

1. 自然概况　包括实习基地的地理位置、总面积、主峰海拔、地形地貌结构、气候因素、土壤类型等。

2. 社会概况　历代科学家考察积累的资料和周围的风土人情。

3. 植物资源概况　包括实习基地的各种植物资料。

（二）样方法调查植物群落

1. 样方的设置　采用系统抽样法（systematic sampling），在调查区域内设置若干样地（1000m×1000m），确定每个样地的空间位置（经纬度）。

2. 样方套的设置

（1）每个样地内设置 5 套样方（quadrat），根据样地内的地形、地势、海拔等小生境确定样方套的位置。若样地内小生境相同，一般采用等距法确定样方套（samples）的位置（图 13-1）。

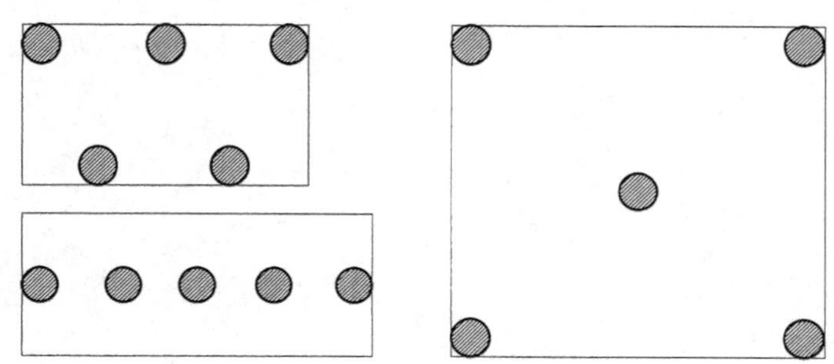

图 13-1　等距法设置样方套

（2）每个样方套面积为10m×10m。

（3）每个样方套由6个不同大小样方组成。6个样方的位置关系如图13-2所示，采用固定编号。

1）10m×10m的乔木样方编号为1。

2）5m×5m的灌木样方编号为2。

3）2m×2m的草本样方编号分别为3、4、5、6。

3. 文字及图片记录

（1）文字记录：样地信息、样方套信息，填写表13-1。

（2）图片记录：生境照片、工作照片、群落照片。

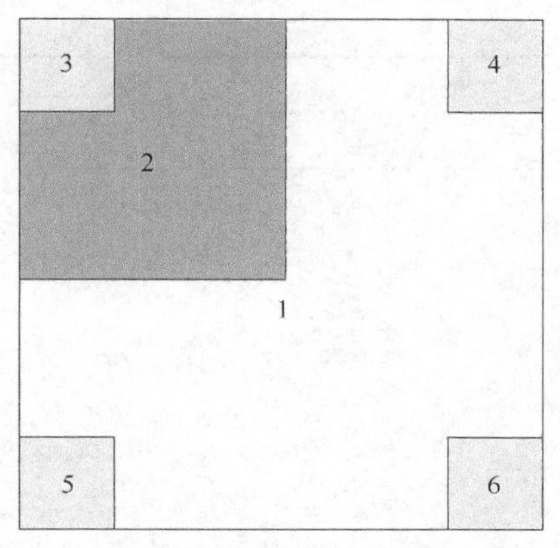

图13-2　样方套

表13-1　样地及样方套信息记录表

样地信息	样地名称					
	调查人员			调查时间		
	生境照片			工作照片		
样方套信息	样方套编号	第1套	第2套	第3套	第4套	第5套
	植被类型					
	土地利用类型					
	经度					
	纬度					
	海拔					
	坡度					
	坡向					
	坡位					
群落照片	样方1（乔木）					
	样方2（灌木）					
	样方3（草本）					
	样方4（草本）					
	样方5（草本）					
	样方6（草本）					

注：每个样地填写一张表，可复印加页。

（三）样地内药用植物资源调查

通过查阅《中国植物志》、地方植物志、资源普查成果等相关资料，获得调查区域内野生药用资源信息，确定调查区域内野生药用植物资源目录及重点调查药用植物目录。

1. 信息记录

（1）根据调查路线，获取药用植物资源及其环境信息，统计样地内药用植物种类，填写表13-2。

（2）获取样方套内重点调查药用植物数量（采集5株中等大小个体药材进行称量），并计算蕴藏量，填写表13-3。

表 13-2　野生药用植物资源目录

序号	基源		药材		位置	
	科名	种中文名	药材名	入药部位	经纬度	海拔
1					E: N:	
2					E: N:	
3					E: N:	
4					E: N:	
5					E: N:	
6					E: N:	
7					E: N:	
8					E: N:	
9					E: N:	

表 13-3　样方套内重点调查药用植物数量信息记录表

种中文名	药材名	样方套编号	样方内植物株数					
			1	2	3	4	5	6

2. 照片记录　在记录每一种野生药用植物资源个体的种类信息的同时，拍摄野生药用植物资源及其所在位置的生态环境的照片，要求如下。

（1）每一种野生药用植物资源个体，至少拍摄 3 张药用部位照片。

（2）每一种重点调查药用植物资源，至少拍摄 3 张药用部位照片。

（3）每一种野生药用植物资源的每一种生境，至少拍摄 3 张照片。

【注意事项】

1. 室外实践要注意遵守纪律和秩序，注意人身安全。

2. 实践课前一周，带教老师应先行去野外教学现场探点，摸清线路、交通、植物分布种类等各种信息。实习前 2 ～ 3 天要对全部学员进行实习动员，明确实习的目的与要求，进行安全教育，并进行分组，通常每组 10 人，落实指导教师、组长与安全员。标本的采集、鉴定、拍照记录都要明确分工。

【思考题】

1. 本次野外实习调查的植物种类与当地地方植物志记录的植物种类是否一致？为什么出现此现象？

2. 请谈谈“保护生物多样性”的意义是什么？为什么必须树立和践行“绿水青山就是金山银山”的发展理念？

附录1　显微镜的构造和使用

（一）显微镜分类

显微镜以显微原理进行分类可分为偏光显微镜、光学显微镜、电子显微镜和数码显微镜。

偏光显微镜是用于研究所谓透明与不透明各向异性材料的一种显微镜，在地质学等理工科专业中有重要应用。某些具有双折射的物质，可用染色法来进行观察；但另外一些物质，无法用染色法来进行观察，必须利用偏光显微镜进行观察。反射偏光显微镜是利用光的偏振特性对具有双折射性物质进行研究鉴定的仪器，可进行单偏光观察、正交偏光观察、锥光观察。

光学显微镜通常由光学部分、照明部分和机械部分组成。主要有明视野显微镜（普通光学显微镜）、暗视野显微镜、荧光显微镜、相差显微镜、激光扫描共聚焦显微镜、微分干涉相差显微镜、倒置显微镜等。

电子显微镜与光学显微镜基本结构特征相似。电子显微镜将电子流作为光源，使物体成像，对物体的放大及分辨能力比光学显微镜高出多倍，可把物体放大到200万倍，如扫描电镜、分析电镜、超高压电镜等。结合各种电镜样品制备技术，可对样品进行多方面的结构或结构与功能关系的深入研究。常用于生物、医药及微小粒子的观测。

数码显微镜将光学显微镜技术、光电转换技术、液晶屏幕技术结合在一起，可将对微观领域的研究从传统的普通的双眼观察发展到通过显示器再现。

（二）显微镜的基本构造

显微镜的基本构造可分为机械系统和光学系统两大部分。

1. 机械系统

（1）镜座：是显微镜的底座，用以稳固和支持镜身。

（2）镜柱、镜臂：目前实验室中显微镜以新式显微镜为主，镜柱、镜臂连成一体，无前倾关节，镜臂弯曲，便于右手持握。

（3）载物台：安放标本片的平台，中央有一通光孔，在通光孔的后方有样本固定器。样本固定器的金属片用以固定标本片，推进器用以上下左右移动标本片。

（4）物镜转换器：呈圆盘形，固定在镜筒下端，设置有3～4个物镜螺旋口，用于安装低倍镜、高倍镜和油镜。通过旋转转换器，可将所选物镜转到镜筒的正下方，使物镜的光轴与目镜的光轴同心。

（5）镜筒：中空的圆筒。上端放置目镜，下端连接物镜（转换器）。有直立式和倾斜式两种。

（6）调焦装置：通常位于镜臂的下端，有两对齿轮在镜臂两侧，直径大的为粗准焦螺旋，旋转一圈可使镜筒升降10mm；直径小的为细准焦螺旋，旋转一圈使镜筒升降0.1mm。

2. 光学系统

（1）目镜：安装于镜筒的上端，由一组透镜组成，进一步放大被物镜放大的实像。常用放大倍数有 8×、10×、16×，镜头越长，放大倍数越低。目镜下端连接有瞳间距调节器，可根据使用者瞳间距调节视野。

（2）物镜：安装在物镜转换器上，一般有 3 ～ 4 个物镜。10× 以下的为低倍镜，40× ～ 60× 的为高倍镜，90× 以上的为油镜。物镜头越短，放大倍数越低，透镜直径越大。

（3）集光器：位于载物台通光孔的下方。集光器把反光镜反射的光线或光源光线集中起来，透过通光孔射到标本片上，又可上下调节，以得到适宜的光度。但一般以集光器上端稍稍低于载物台平面约 0.1mm 高度为宜。集光器主要包括聚光镜和虹彩光圈（孔径光阑），聚光镜由一块或数块透镜组成，虹彩光圈位于聚光镜下方，由十余片金属片组成，中心部分形成一圆孔，推动虹彩光圈的把手，可调节光圈的大小。有的显微镜无集光器，只有一块可转动的金属圆盘直接装在载物台下面，称为集光板。集光板上有许多大小不等的圆孔，可控制光束的大小。

（4）光源（照明光线）：早期显微镜所用光源为自然光，需要位于集光器的下方由平面镜和凹面镜组成的双面反光镜通过旋转来使光源发出的光线射向集光器。现代显微镜为可控的组成光源。最常见的光源是白炽钨灯，通过可变变阻器来控制光源强弱。

另有一些特殊显微镜需要使用到特种的光源来保障视野明亮清晰。如卤素灯，体积小、发热少，单位面积的发光亮度高出普通白炽灯，又称冷光源，适用于显微摄影、投影；氙灯，光谱接近日光，亮度高，光色质量优良，应用于高速拍照、彩色摄影等；荧光超高压汞灯，光谱为线光谱，常应用于显微镜荧光观察模式中。

显微镜的基本构造见图 S1-1。

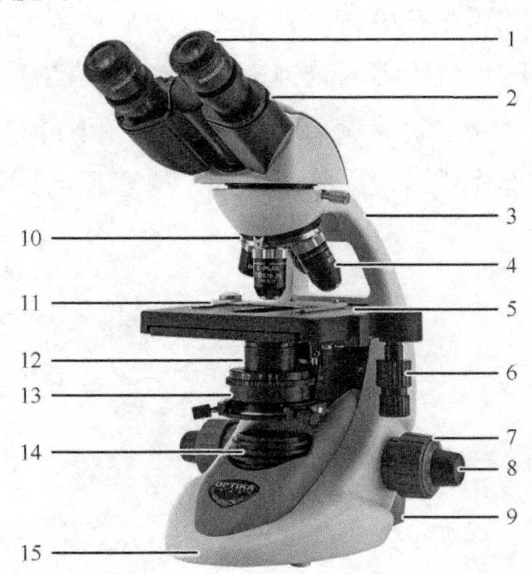

图 S1-1　显微镜基本构造

1. 目镜；2. 瞳间距调节器；3. 镜臂；4. 物镜；5. 载物台；6. 水平和竖直移动控制旋杆；7. 粗准焦螺旋；8. 细准焦螺旋；9. 镜柱；10. 物镜旋转盘；11. 样本固定器；12. 集光器；13. 光圈调节环；14. 照明光线聚光镜；15. 镜座

（三）显微镜的使用

1. 调节粗准焦螺旋，使低倍镜与载物台之间的工作距离约为 2cm。对准目镜向下观察，调节亮度。

2. 将标本片在载物台上适当位置固定好。

3. 选择低倍物镜，对准通光孔后使用粗准焦螺旋自上而下调节镜筒，眼睛在侧面观察，避免物镜镜头接触到标本片而损坏镜头或压碎标本片。

4. 通过目镜观察视野的变化，同时调节粗准焦螺旋，使镜筒缓慢移动，直至出现物像，然后改用细准焦螺旋，使物像清楚明晰为止。

5. 如果视野中没有被观察对象，可调节水平和竖直移动控制旋杆，前后左右移动标本片。

6. 观察物像时，视野内的光线若过强或过弱，可调节集光器、虹彩光圈或集光板。

7. 从低倍镜换到高倍镜时应注意：先确保低倍镜下能看到清晰的物像；将需放大的部分移至视野的中央，直接转换高倍镜，旋转细准焦螺旋，直至看清物像，光亮强弱可调节光圈调节环。

8. 观察完毕，先将物镜移开，再取出标本片，以免因摩擦而损坏物镜，再调节物镜与载物台距离。

（四）其他注意事项

1. 持镜时须右手握镜臂、左手托镜座，不可单手提取。搬动时轻拿轻放，不可把显微镜放在实验台边缘部位。

2. 保持显微镜清洁。镜面若沾到污渍应立即清洁。显微镜的光学部分（目镜和物镜）和照明的部分只能使用专用的擦镜纸进行擦拭，不能进行口吹、手抹或用布和普通纸巾进行擦拭。机械部分可以用软布擦拭。

3. 放置玻片标本时要对准通光孔中央，且不能反方向放置，防止压坏玻片或物镜。

4. 不能随意取出目镜，防止尘土落入物镜影响观察；不能任意拆卸零件。

5. 取下标本之后，调节物镜离开通光孔，下降镜台，下降集光器，关闭虹彩光圈，调节水平和竖直移动控制旋杆使推片器回位，关闭电源，检查各部位无损坏后放回原处。

附录2　显微制片方法

显微制片技术是显微鉴定的关键环节，根据其制作原理可分为切片法和非切片法两大类。制片时需要根据实验对象和目的选择相应的制片方法。

（一）切片法

切片法，即利用刀片或特定的切片机将实验材料切成一定厚度的薄片，用于观察植物或药材组织细胞的细微结构，后期可进行染色以增强观察效果。

对于根、茎、叶、皮等材料，需作横切片；对于果实、种子类材料，需作横切片和纵切片；对于木类材料，需观察横切面、径向纵切面和切向纵切面三个切面。

1. 无支持切片

（1）徒手切片：适用于草本植物根、茎、叶以及木本植物细嫩枝等较软的植物材料。该方法简单迅速，新鲜材料不经任何处理而直接用刀或徒手切片器切制，可观察到植物组织的天然色泽和活体结构。常用于了解结构特征的预实验。

徒手切片操作时，若为草本植物的根、茎、叶柄等材料，可直接手握材料切制，材料太硬则需要经水煮和50%甘油软化。若为叶片、细根、嫩茎等较软较薄的材料，可用马铃薯、胡萝卜等作为支撑物，先将支撑物切成小段，从中劈开一节，再将材料切成适当大小后夹入支持物中进行切制。

切片前刀片及材料蘸水。左手拇指、食指及中指夹紧材料并使材料高出手指1cm左右，右手持刀片，上臂用力（手腕不动），由材料左前方至右后方划拉切片，将材料切为平滑的薄片。连续切片可置于盛水的培养皿中进行选片。

徒手切片切制完成后，可根据不同观察需要和目的，选择合适的染料进行染色。

（2）滑走切片：通常使用滑走切片机对较硬材料进行切制。该方法切片厚度一般为10～30μm，较徒手切片更薄。

与徒手切片类似，制作滑走切片时如材料太硬，也需要软化；若材料太软，则须支撑物辅助固定。切片也可进行染色。

2. 有支持切片

（1）石蜡切片：是显微技术中最重要和最常用的方法之一。该方法是将材料包埋在石蜡中，再用旋转切片机进行切片。能经得住石蜡切片中各种试剂处理的材料都可以用此法制片。一般可将材料切成5～15μm厚薄均一的连续薄片，有利于观察细胞和组织的动态发生及层次变化过程。

石蜡切片的过程包括：取材 → 固定 → 洗涤脱水 → 透明 → 进蜡与包埋 → 切片 → 贴片与烤片 → 脱蜡 → 染色 → 脱水 → 透明 → 封片。

（2）冰冻切片：是指在低温条件下使组织快速冷却到一定硬度再进行切片的方法。制作过程较石蜡切片快捷、简便、易操作，多应用于手术中的快速病理诊断。

冰冻切片的种类有低温恒冷箱冰冻切片法、二氧化碳冰冻切片法、甲醇循环制冷冰冻切片法等。冰冻切片通常以冷冻包埋剂（OCT）为支持剂，多用于动物样品的观察，植物样品应用较少。组织尽可能新鲜、骤冷越快越好，才能避免冰晶对细胞造成的损伤。为防止水解酶和其他物质的移位、弥散，常用4℃的甲醛固定24小时。

（3）半薄切片：即光镜切片，其切片可薄至0.5～2.0μm，故而又称半薄切片，是电镜超薄切片技术中一种有效的定位方法，多应用于胚胎学、病理学等学科。

半薄切片制备过程首先利用固定液对目标组织进行封存；再对材料进行梯度脱水和包埋剂渗透，利用包埋剂（有机塑料、树脂、金属等）将材料粉末或块体结构包裹起来；最后利用切片机进行切片。

半薄切片具有收缩性变小、切片较薄、观察效果好等优点，还可后续制备成超薄切片来观察其超微结构，其图像的清晰度、分辨率远优于石蜡切片，视野也大于超薄切片。

（4）超薄切片：为可供电子显微镜观察用的切片，一般厚度为40～50nm。超薄切片细胞结构变形很小，并且可以观察组织细胞的超微结构。

组织从生物活体取下后，需立即处理，要使细胞结构尽可能保持生前状态，必须做到快、小、准、冷。将取出的组织放在洁净的蜡板上，滴一滴预冷的固定液（锇酸和戊二醛），用两片新的、锋利的刀片选择“拉锯式”将组织切下并修小，然后用牙签或镊子将组织块移至盛有冷的固定液的小瓶中。如果组织带有较多的血液或组织液，须先用固定液清洗几遍。样品固定完后，使用丙酮逐级脱水，用环氧树脂包埋，再以热膨胀或机械伸缩的方式切片，最后用重金属（铀、铅）盐染色。

超薄切片机使用玻璃刀或钻石刀。包埋标本的包埋剂硬度有一定要求，通常使用树脂聚合包埋。

（二）非切片法

非切片法指的是将材料组织分离成单个细胞或薄片，或将整个材料进行整体封藏。该方法可保持生物体或某部分器官组织的原有状态及其完整性，但无法显示各器官组织之间的相互关系以及组织和细胞之间的结构，多用于材料的形态观察。

1. 粉末制片法　是将材料粉末用蒸馏水、甘油乙酸或水合氯醛进行装片并观察的方法。该方法主要用于观察鉴别根、茎、叶、花、果实、根皮、茎皮类等材料细胞的形态特征；另外还可用于鉴定由药材粉末制成的丸剂、片剂等成方制剂，如牛黄解毒片、二妙丸等。此法操作简便快速，经济实惠，但水合氯醛装片须掌握粉末透化技术。

（1）临时制片：洗净擦干载玻片及盖玻片；于载玻片中央加1～2滴水，将实验材料（如单个细胞、表皮、徒手撕片、徒手切片或一些低等植物如水绵、衣藻等）放置在水滴中并用解剖针把材料展开铺平；持镊子夹起盖玻片，使盖玻片的左边边缘接触水滴的边缘，轻轻地放下，用镊子轻压盖玻片赶走过多气泡（盖玻片外多余的水可用吸水纸吸干），制成临时制片。如临时制片需保存一段时间，则可用10%～30%的甘油水溶液代替清水封片。

（2）水合氯醛装片：水合氯醛是良好的透化剂，能迅速渗入粉末组织细胞，溶解脂肪、淀粉粒、色素、蛋白质、菊糖、挥发油等，而各种晶体不溶解；可使细胞膨胀，增强透光度，便于观察细胞形状和组织构造及细胞内含的各种结晶体。

洗净擦干载玻片及盖玻片；用牙签挑取少许粉末放置于载玻片中央稍偏的位置；根据需要加水合氯醛试剂 3 ～ 5 滴，用解剖针搅拌均匀后加热透化 2 ～ 3 次，滴加 1 滴稀甘油，盖上盖玻片。

2. 整体封固制片法 直接将整个材料用水、甘油乙酸、水合氯醛等装片观察。该法适用于较小的植物体或部分组织器官，如花瓣、花萼、柱头或纤细苔藓类、藻类、菌类的叶状体、丝状体、原叶体、孢子囊及幼胚等。制片过程简易，可保持材料的完整性。根据所用脱水剂、透明剂、封固剂的不同而又分为多种方法。

（1）甘油法：用甘油脱水和透明，并封固于甘油中，这种制片可保持植物的天然色彩，同时也可对材料进行染色。如做不染色的制片时，先取材料洗净置于小培养皿中，加足量的 10% 甘油。用滤纸盖于液面上，以防尘土落入。把培养皿放在较暖和的地方，使 10% 甘油慢慢蒸发成纯甘油。此时材料已脱水和透明。用镊子选取少许材料置于载玻片上，加一滴纯甘油，盖上盖玻片（注意甘油不可太多），用较稠的加拿大树胶封片即可。

（2）甘油冻胶法：操作与甘油法相同，区别在于用甘油冻胶封固。如在甘油冻胶中加入一些甲基绿，有些材料可在封固过程中染色。如花粉粒的制片，把配好的甘油冻胶放在温箱中或用热水浴使之熔化，在载玻片中滴上一小滴甘油冻胶，取花粉撒在甘油冻胶上，然后封固。

3. 表面制片法 表面制片是指撕取或分离植物器官（叶、花、果等）表皮的显微鉴定制片方法。主要用于观察表皮细胞的形状、茸毛的类型、气孔的轴式、角质层的增厚特征等。

表面制片法包括直接撕取法、印迹法等。直接撕取法是取植物叶片，撕取其表皮制成临时装片，在显微镜下观察。印迹法是在植物叶的表面涂抹指甲油、火棉胶液或醋酸纤维素胶液，胶体风干凝成薄膜后，膜上就印有表皮组织各细胞的边界痕迹及形态结构。该方法主要用于观察叶片、果实和种子、幼茎等的表皮细胞形状、气孔和表皮毛的类型、角质层角的表面纹饰等。材料干鲜均可，操作及试剂简单。

4. 解离制片法 利用化学试剂使植物或药材的组织分离，细胞的胞间层溶解，细胞互相分离，可完整地观察到细胞的形状。该方法适用于厚壁组织或输导组织单个细胞的观察。

解离前需要将材料切成 2mm 的薄片。根据细胞壁的性质，选择不同的方法进行处理。常见的处理方法有氢氧化钾法、硝铬酸法及氯酸钾法。氢氧化钾法适用于薄壁组织多、木化组织少的材料；样品坚硬或木化组织占大部分或成束存在时，用硝铬酸法及氯酸钾法。样品经以上方法处理后，用水洗净酸液或碱液，取少量置于载玻片上并用解剖针分散均匀，稀甘油封片后观察。

该方法操作周期短，便于观察细胞的立体结构，但要用到强酸或强碱试剂，操作时应特别注意安全。

5. 扫描电镜法　此法可用于光镜不易观察的材料。样品制备过程包括取材 → 清洗 → 化学固定 → 干燥 → 装台 → 喷镀金属 → 观察与照相等。

如需观察样品表面的结构，样品的尺寸可大至 120mm×80mm×50mm；同时还可利用从样品发出的其他信号作微区成分分析。

附录3 显微绘图技术

（一）植物显微绘图的基本要求

1. 科学性与准确性 选取正常、健壮、具有代表性的植物材料进行细致观察，并用科学术语正确描述所观察到的内容。

2. 点、线要清晰流畅 线条注意要一笔画出，粗细均匀，光滑清晰，接头处无分叉和重线条痕迹，切忌重复描绘。植物图一般用圆点衬阴，表示明暗和颜色的深浅，给予立体感。点要圆而整齐，大小均匀，根据需要灵活掌握疏密变化，不能用涂抹阴影的方法代替圆点。

3. 比例要正确 按植物各器官、组织以及细胞各部构造原有比例绘出。

4. 突出主要特征 重点描绘主要形态特征，其他部分可仅绘出轮廓，以表示其完整性。

5. 图纸及版面要保持整洁。

6. 准确标注 用水平直线在图的右侧引出标注，标注内容多时可用折线，必须整齐一致，切忌用弧线、箭头线、交叉线等做标注。图及图注一律用铅笔标注，通常用2H或3H铅笔。实验题目应写在绘图报告纸的上方，图题写在图的正下方。

（二）植物显微绘图方法

1. 绘图法 植物学研究实验结果通常需要进行科学绘图，应力求清晰和真实，一般只用线和点来表现实物的轮廓和明暗。为了正确描绘显微镜下所观察物体的形态大小，还需用有特殊装置的显微镜描绘器来进行，但一般实验课上通常不用显微镜描绘器来绘制。现将经常使用的徒手绘图法介绍如下。

（1）用具准备：准备2H和2B绘图铅笔各一支，或HB绘图铅笔一支，橡皮一块，直尺和角尺各一支。铅笔需削细以便勾勒图形。

（2）起稿：绘图前要对观察的对象进行细致的观察，对各部分的位置、比例、特征等有完整的认识，充分利用所学的理论知识，将正常的结构与偶然的、人为造成的假象区分开。明确绘图的目的和要求，然后在实验报告纸上安排所绘之图的位置及大小。用2H铅笔轻轻画出轮廓及主要部分，其中图中各部分的比例要求准确。

（3）定稿：对草图进行修正和补充，用铅笔将全图绘出。最后用2B铅笔画定线条，用小圆点或短线的疏密程度，表示检查标本的明暗及立体感。点密表示背光、凹陷或色彩重的部位；点疏表示向光、突出或色彩轻的部位；打点的方法是铅笔垂直向下打。在表示明暗时，注意不要用铅笔平涂。

（4）观察和绘制要领：描绘显微镜下所观察的检查标本时，应当先用低倍镜仔细观察标本，逐渐移动载玻片上的检体，并选择最典型的部分，仔细观察研究后，开始绘图。可先粗略绘制植物器官的各部分组织分布的轮廓，然后在高倍镜下观察，绘出细胞和组织的详图。绘图时必须要把图纸放在显微镜右边的台上，距离眼睛有25cm左右，观察时将左眼贴于目镜上，右眼用来和右手配合进行绘图，左手则用来调节焦距或移动标本等。

（5）标注名称：图画好后，应用平行直线在图的右侧注明图中各组成部分的名称，如右侧写不下，可将部分名称标注在左侧。用正楷字标注相应的名称，一般可分为直接标注和间接标注。

引指示线时要注意：①指示的部位要典型，具有代表性；②指示线要尽量引向图的右侧；③要尽量避免指示线的迂回、交叉，以免混淆各部分的结构。

图的名称写在图的下方。同时也要注明目镜和物镜刻度乘积的放大倍数，但这种放大倍数的表示，仅是代表当场所用目镜与物镜绘图时记录的相近倍数，并不是正确的放大倍数，要正确地表示放大倍数，必须以显微镜描绘器绘下的图为准。

（6）核实绘图内容，保持画面整洁。

用橡皮把轮廓线、虚线等轻轻擦掉。最后在图的下方注明本图名称。

2. 图示法 如何表达出各种细胞及组织的形态，用什么样的线条、点、面来表示它们，又怎样排列组合，是十分重要的。在国际上，在各国共同的生物学图绘制方法上，有统一的表示方法，即植物组织形态和细胞的图示法（图 S3-1）。

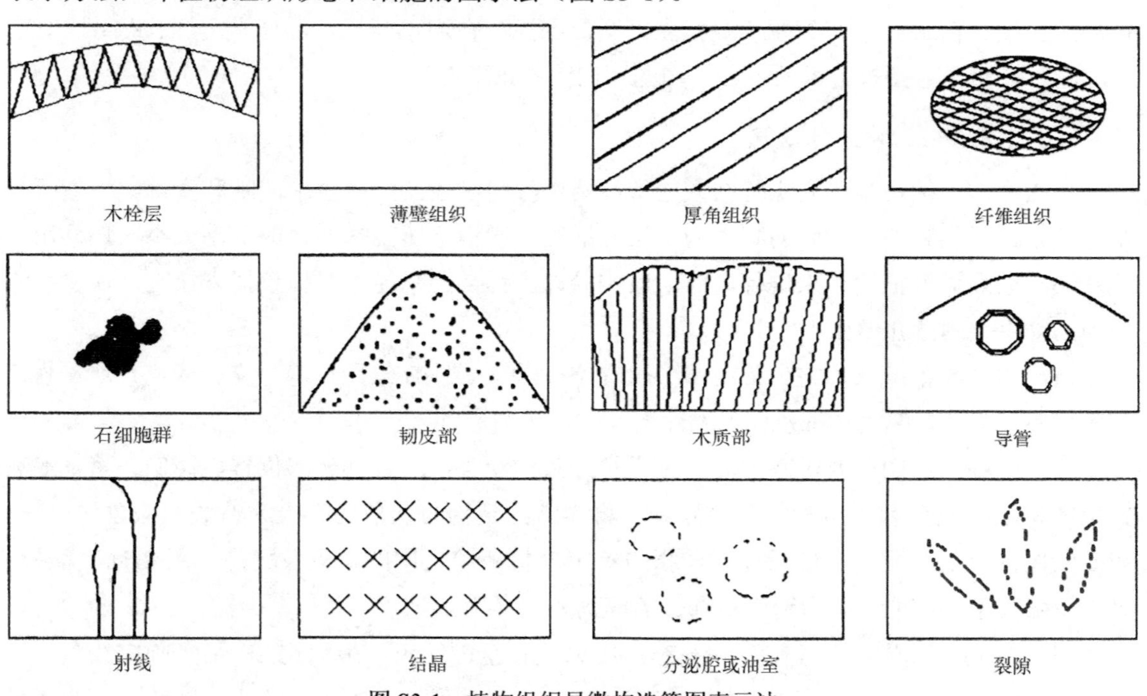

图 S3-1 植物组织显微构造简图表示法

附录 4　实验试剂配制

1. F.A.A 固定液（又称万能固定液）

甲醛（36% ～ 40%）　5mL

冰醋酸　5mL

70% 乙醇　90mL

幼嫩材料用 50% 乙醇代替 70% 乙醇，可防止材料收缩；还可以加入 5mL 甘油（丙三醇）以防蒸发和材料变硬。此液兼有保存剂的作用。

2. 甘油-乙醇软化剂

甘油　1 份

50% 或 70% 乙醇　1 份

此液适用于木材的软化，木质化根、茎经固定后，可用此液隔水蒸煮 24 小时，可长期保存备用。

3. 铬酸-硝酸离析液　铬酸为三氧化铬的水溶液。

A 液：铬酸　10mL

　　　蒸馏水　90mL

B 液：浓硝酸　10mL

　　　蒸馏水　90mL

将 A 液、B 液等量混合即得。

此液适用于对导管、管胞、纤维等木质化的组织进行解离时使用。

4. 铁醋酸洋红染剂

洋红　1g

冰醋酸　90mL

蒸馏水　110mL

取冰醋酸 90mL 加入 110mL 蒸馏水中煮沸，移去加热装置后立即加入 1g 洋红，搅拌，使之迅速冷却并过滤，再加入数滴醋酸铁或氢氧化铁媒染剂的水溶液，至颜色变为红葡萄酒色即可。注意铁剂不要加得太多，否则洋红会发生沉淀。

如无洋红（胭脂红），可用地衣红代替，配制方法同洋红。

5. 龙胆紫染剂　取 0.2g 龙胆紫溶于 100mL 蒸馏水中，现常以结晶紫代替。也可用医用紫药水稀释 5 倍后代用。

6. 番红染色液

（1）番红水液：取 0.1g、0.5g 或 1g 番红溶于 100mL 蒸馏水中，过滤得三种不同浓度染液。

（2）番红酒液：取 0.1g、0.5g 或 1g 番红溶于 100mL 50% 乙醇中，过滤后，即可得三种不同浓度染液。

番红是一种碱性染料，可将木质化、栓质化、角质化的细胞壁及细胞核中的染色质染成红色。在植物制片中番红常与固绿配合进行对染。

7. 固绿染液　取 0.1g 或 0.5g 固绿溶于 100mL 95% 乙醇中，过滤后使用。

8. 曙红或真曙红染液　取曙红或真曙红 0.25g 溶于 100mL 95% 乙醇中。

9. 中性红溶液　取中性红 0.1g 溶于 100mL 蒸馏水中，用时再稀释 10 倍左右，用于染色细胞中的液泡，可鉴定细胞的死活。

10. 钌红染液　取 5 ～ 10mg 钌红溶于 25 ～ 50mL 蒸馏水中即可。现用现配。该染液是细胞中层的专性染料。

11. 碘-碘化钾溶液　先取3g碘化钾溶于100mL蒸馏水中，再加入1g碘，溶解后即可使用。

12. 苏丹Ⅲ溶液　取 0.1g 苏丹 III 溶解于 10mL 95% 乙醇中，过滤后，再加入 10mL 甘油。

13. 间苯三酚溶液　取 5g 间苯三酚溶解于 100mL 95% 乙醇中即得（如溶液呈黄褐色即失效）。

14. 1% 甘油明胶溶液　取明胶 1g 徐徐加入微温的 100mL 蒸馏水中，待完全溶解后，加入 2g 苯酚结晶、15mL 甘油，搅拌，使完全溶解，滤过，储于带塞玻璃瓶中。

用于将石蜡切片中的蜡片粘贴于载玻片上。

15. 加拿大树胶封藏剂　取加拿大树胶适量，溶于适量二甲苯中，加入数粒豆粒大小的大理石（中和树胶因放置产生的酸性，以免使切片褪色），即得。

16. 水合氯醛试液　取水合氯醛 50g，加蒸馏水 15mL 与甘油 10mL 使溶解，即得。此为常用的透化剂，能使细胞组织透明清晰，能溶解淀粉粒、蛋白质、挥发油、树脂、叶绿素，但不溶解草酸钙或碳酸钙结晶。它亦能使皱缩的细胞膨胀而恢复原来的形状。

17. 甘油乙酸液（史氏溶液）　取甘油、50% 乙酸、蒸馏水各等份，混合均匀，即得。此为常用的一种封藏剂，能在较长时间内保持淀粉粒的形状、大小，以便于显微镜观察和测量。

18. 稀甘油　取甘油 33mL，加蒸馏水 100mL，再加樟脑少许或液化苯酚 1 滴，即得。

19. 擦镜液　取乙醚 70mL，加无水乙醇 30mL，混合均匀，即得。用于擦拭显微镜头等光学部分。

20. 氯化锌碘试液　取氯化锌 20g，加水 10mL 溶解，加碘化钾 2g 溶解后，再加适量碘，使碘达到饱和状态，即得。本液应置于棕色玻璃瓶内保存。

附录 5　被子植物重要科特征

（一）双子叶植物纲

木本或草本，多为直根系，叶为网状脉：花 4、5 基数，胚具子叶 2 枚。

1. 原始花被（离瓣花）亚纲　花瓣通常分离（或无花被、单被或重被），雄蕊常与花瓣分离，各科特征见表 S5-1。

表 S5-1　原始花被（离瓣花）亚纲重要科特征

科名	花程式	主要特征
三白草科 Saururaceae	$*P_0A_{3\sim8}\underline{G}_{3\sim4(3\sim4)}$	草本。单叶互生。无花被；穗状、总状花序，常有白色总苞。蒴果或浆果
胡椒科 Piperaceae	$♂P_0A_{1\sim10}$; $♀P_0\underline{G}_{(1\sim5:1:1)}$; $P_0A_{1\sim10}\underline{G}_{(1\sim5:1:1)}$	藤本或草本，常具香气。叶互生。花小，密集成穗状花序或肉穗状；无花被；浆果球形或卵形
金粟兰科 Chloranthaceae	$P_0A_{(1\sim3)}\underline{G}_{1:1:1}$,$\overline{G}_{1:1:1}$	草本或灌木，有香气。节部常膨大，单叶对生，无花被。单体雄蕊，花丝附于子房上。核果
桑科 Moraceae	$♂P_{4\sim5}A_{4\sim5}$; $♀P_{4\sim5}\underline{G}_{(2:1:1)}$	多木本，稀草本。常具乳汁。叶多互生，托叶早落。隐头、柔荑或球状花序，瘦果与花被或花轴合生成聚花果
桑寄生科 Loranthaceae	$P_{4\sim6}A_6\overline{G}_{(3\sim4:1:4\sim12)}$	寄生或半寄生灌木，叶革质、全缘，无托叶。果实浆果状或核果状；种子无种皮，围有一层黏稠物
马兜铃科 Aristolochiaceae	$*\uparrow P_{(3)}A_{6\sim12}\overline{G}_{(4\sim6:6:\infty)}$	草本或藤本。单叶互生；花被下部合生成管状，蒴果。种子多数
蓼科 Polygonaceae	$♂*P_{3\sim6}A_{3\sim9}\underline{G}_{(2\sim3:1:1)}$	草本。单叶互生，茎节膨大，具托叶鞘。瘦果或小坚果包于宿存花被。胚乳粉质
苋科 Amaranthaceae	$*P_{3\sim5}A_{1\sim5}\underline{G}_{(2\sim3:1:1\sim\infty)}$	草本。单叶，无托叶。穗状、球状圆锥花序。胞果、坚果
石竹科 Caryophyllaceae	$*K_{4\sim5,(4\sim5)}C_{4\sim5}A_{8\sim10}\underline{G}_{(2\sim5:1:\infty)}$	多草本，节常膨大，单叶对生，聚伞花序，花瓣常具爪，蒴果，特立中央胎座
睡莲科 Nymphaeaceae	$*K_{3\sim\infty}C_{3\sim\infty}A_{\infty}G_{3\sim\infty,(3\sim\infty)}$;$\underline{G}_{3\sim\infty,(3\sim\infty)}$; $\overline{G}_{3\sim\infty(3\sim\infty)}$	水生草本。根状茎常粗大肥厚。叶常漂浮水面。花大单生，雄蕊多数，坚果埋于膨大海绵质花托内或为浆果状
毛茛科 Ranunculaceae	$*,\uparrow K_{3\sim\infty}C_{3\sim\infty,0}A_{\infty}\underline{G}_{1\sim\infty:1:1\sim\infty}$	草本或藤本。叶常深裂或有缺刻。花萼常花瓣状。聚合瘦果或蓇葖果
小檗科 Berberidaceae	$*K_{3+3}C_{3+3}A_{3\sim9}\underline{G}_{1:1:1\sim\infty}$	草本或灌木。叶互生。花萼花瓣状。雄蕊与花瓣对生。浆果或蒴果
木通科 Lardizabalaceae	$♂*K_{3+3}C_6A_6$ $♀*K_{3+3}C_6\underline{G}_{3:1:1,\infty}$	木质藤本，叶互生，掌状复叶，木质部具宽髓射线，总状花序，肉质蓇葖果或浆果
防己科 Menispermaceae	$♂*K_{3+3}C_{3+3}A_{3\sim6}$ $♀*K_{3+3}C_{3+3}\underline{G}_{3\sim6:1:1}$	多木质藤本。根多膨大。单叶，互生。萼片花瓣各 6 枚，排成 2 轮。核果，核多呈马蹄形或肾形

续表

科名	花程式	主要特征
木兰科 Magnoliaceae	$*P_{6\sim12}A_{\infty}\underline{G}_{\infty:1:1\sim2}$	木本。单叶互生，托叶早落，环状托叶痕明显。花单生。花托延长，聚合蓇葖果或浆果
樟科 Lauraceae	$*P_{6\sim9}A_{3\sim12}\underline{G}_{(3:1:1)}$	木本。具油细胞，有香气。单叶互生。花丝基部具2腺体。核果（浆果状）
罂粟科 Papaveraceae	$*,\uparrow K_{2}C_{4\sim6}A_{\infty,4\sim6}\underline{G}_{(2\sim\infty:1:\infty)}$	草本。常具乳汁或黄色汁液。单叶互生。花萼2，早落。蒴果
十字花科 Cruciferae（Brassicaceae）	$*K_{2+2}C_{4}A_{2+4}\underline{G}_{(2:1:1\sim\infty)}$	草本。单叶互生。十字花冠，四强雄蕊，总状花序。长短角果，假隔膜分为2室
景天科 Crassulaceae	$*K_{4\sim5}C_{4\sim5}A_{4\sim5,8\sim10}\underline{G}_{4\sim5:1:\infty}$	肉质草本。单叶。聚伞花序。心皮基部具小鳞片，蓇葖果
虎耳草科 Saxifragaceae	$*,\uparrow K_{4\sim5}C_{4\sim5,0}A_{4\sim5+4\sim5}\underline{G}_{(2\sim5:2\sim5:\infty)}$, $\overline{G}_{2\sim5:2\sim5:\infty}$	单叶。花瓣常有爪。蒴果或浆果。种子常有翅
杜仲科 Eucommiaceae	$P_{0}A_{4\sim10}$; $P_{0}\underline{G}_{(2:1:2)}$	落叶乔木，枝、叶折断有银白色胶丝。叶互生，花单性异株，无被，雄花密集成头状花序状，雌花单生。翅果
蔷薇科 Rosaceae	$*K_{4\sim5}C_{0\sim5}A_{4\sim\infty}\underline{G}_{1\sim\infty:1:1\sim2}\overline{G}_{(2\sim5:2\sim5:2)}$	叶多互生，有托叶（绣线菊亚科无托叶）。聚合果（蔷薇亚科），核果（梅亚科）、梨果（梨亚科）
豆科 Leguminosae（Fabaceae）	$*\uparrow K_{5,(5)}C_{5}A_{10,(9+1)}\underline{G}_{1:1:1\sim\infty}$	有根瘤。叶互生，多羽状或三出复叶，具托叶和叶枕。二体雄蕊，花冠辐射对称（含羞草亚科）、假蝶形（云实亚科）、蝶形（蝶形花亚科）。荚果
芸香科 Rutaceae	$*K_{(3\sim5)}C_{3\sim5}A_{3\sim5,6\sim10\sim\infty}\underline{G}_{(2\sim5),2\sim15}$	多木本，稀草本。叶常互生，多具透明油腺点，有香气。雄蕊着生于发达花盘基部。柑果、蒴果、核果或蓇葖果
橄榄科 Burseraceae	$*K_{(3\sim6)}C_{3\sim6}A_{3\sim6,6\sim12}\underline{G}_{(3\sim5:2)}$	木本，有树脂道。奇数羽状复叶，圆锥花序，有子房盘，核果，内果皮骨质
楝科 Meliaceae	$K_{(4\sim5),(6)}C_{4\sim5,3\sim10}A_{(8\sim10)}\underline{G}_{(2\sim5:2\sim5:1\sim2)}$	木本。叶互生，多羽状复叶。花丝合生成短管。圆锥花序。蒴果、浆果或核果
远志科 Polygalaceae	$\uparrow K_{5}C_{3,5}A_{(4\sim8)}\underline{G}_{(1\sim3:1\sim3:1\sim\infty)}$	单叶，互生，全缘，无托叶。萼片不等长，常呈花瓣状。一龙骨状花瓣，有鸡冠状附属物，花丝合生成鞘状；种子常有毛
漆树科 Anacardiaceae	$*K_{(3\sim5)}C_{3\sim5}A_{5\sim10}\underline{G}_{(1\sim5:1\sim5:1)}$	木本，常含树脂。圆锥花序。核果
冬青科 Aquifoliaceae	♂$*K_{(3\sim6)(4\sim5)(4\sim5)}A_{4\sim5}$ ♀$*K_{(3\sim6)}C_{4\sim5,(4\sim5)}\underline{G}_{(3\sim\infty:3\sim\infty)}$	常绿木本。单叶互生。单性异株。浆果状核果
卫矛科 Celastraceae	$*K_{(4\sim5)}C_{4\sim5}A_{4\sim5}\underline{G}_{(2\sim5:2\sim5:2)}$	木本。单叶。花单生或聚伞总状花序，雄蕊着生花盘上。浆果、翅果。种子可有假种皮
鼠李科 Rhamnaceae	$*K_{(4\sim5)}C_{4\sim5}A_{4\sim5}\underline{G}_{(2\sim4:2:4\sim1)}$	木本。单叶、多互生，托叶小，脱落。花簇生成聚伞花序、圆锥花序。核果或浆果
锦葵科 Malvaceae	$*K_{5,(5)}C_{5}A_{(\infty)}\underline{G}_{(5),(2\sim\infty)}$	单叶互生，有托叶，常掌状分裂。体内多含黏液。单体雄蕊。花单生或聚伞花序，多为蒴果
瑞香科 Thymelaeaceae	$*K_{(4\sim5),(6)}A_{4\sim5,8\sim10}\underline{G}_{(2:1\sim2:1)}$	多为灌木或乔木。多有毒。皮部富纤维，单叶全缘。无花冠或退化成鳞片。球状、总状、穗状花序。浆果、核果或坚果

续表

科名	花程式	主要特征
桃金娘科 Myrtaceae	$*K_{(3\sim8)}C_{4\sim5}A_{\infty,(\infty)}\overline{G}_{(2\sim5:1\sim5:\infty)}$	常绿木本。单叶对生，有透明腺点，有香气；雄蕊多数。浆果、核果或蒴果
五加科 Araliaceae	$*K_5C_{5\sim10}A_{5\sim10}\overline{G}_{(1\sim15:1\sim15:1)}$	叶多互生，稀轮生，多为伞形花序，或再组成总状或圆锥状。浆果或核果
伞形科 Umbelliferae	$*K_5C_5A_5\overline{G}_{(2:2:1)}$	草本，茎常中空，有纵棱，大多含挥发油。叶互生，大多分裂或为多裂的复叶，叶柄基部呈鞘状。复伞形花序。双悬果
山茱萸科 Cornaceae	$*K_{4\sim5,0}C_{4\sim5,0}A_{4\sim5}\overline{G}_{(2:1\sim4:1)}$	乔木或灌木，聚伞花序或伞形花序，核果或浆果状核果

2. 后生花被（合瓣花）亚纲　花瓣多少连合，大多为重被花。雄蕊常贴生于花冠喉部。常见科的重要特征见表 S5-2。

表 S5-2　后生花被（合瓣花）亚纲重要科特征

科名	花程式	主要特征
杜鹃花科 Ericaceae	$*K_{(5\sim4)}C_{(5\sim4)}A_{(10\sim8:5\sim4)}\underline{G}_{(5\sim4:5\sim4:\infty)}$; $\overline{G}_{(5\sim4:5\sim4:\infty)}$	多为灌木。单叶互生，全缘。雄蕊数为花冠裂片数的 2 倍。蒴果、浆果、核果
报春花科 Primulaceae	$*K_{(5),5}C_{(5),0}A_5\underline{G}_{(5:1:\infty)}$	多草本。常有腺点。多为单叶互生。特立中央胎座。蒴果
木犀科 Oleaceae	$*K_{(4)}C_{(4)}A_2\underline{G}_{(2:2:2)}$	灌木或乔木。叶多对生，单叶或羽状复叶。雄蕊 2。蒴果、翅果、核果、浆果
马钱科 Loganiaceae	$*K_{(4\sim5)}C_{(4\sim5)}A_{4\sim5}\underline{G}_{(2:2:2\sim\infty)}$	多木本。单叶对生，雄蕊与花冠裂片同数而互生，着生于花冠管或花冠喉部。蒴果、浆果或核果。种子有时具翅
龙胆科 Gentianaceae	$*K_{(4\sim5)}C_{(4\sim5)}A_{4\sim5}\underline{G}_{(2:1:\infty)}$	草本，直立或攀缘。多单叶对生，全缘，基部常合生。聚伞花序。蒴果
夹竹桃科 Apocynaceae	$*K_{(5)}C_{(5)}A_5\underline{G}_{2};\underline{G}_{(2:1\sim2:1\sim\infty)}$	多木本，稀草本，常具乳汁。单叶。花单生或聚伞花序。常为两个蓇葖果，稀为核果，浆果。种子常有毛
萝藦科 Asclepiadaceae	$*K_{(5)}C_{(5)}A_5\underline{G}_{2:1:\infty}$	有乳汁。单叶对生或轮生，全缘。花冠喉部有鳞片或副花冠。聚伞花序。蓇葖果双生或一个发育
旋花科 Convolvulaceae	$*K_{(5)}C_{(5)}A_5\underline{G}_{(2:1\sim4:1\sim2)}$	多为缠绕性或寄生藤本。单叶互生，稀复叶。花冠喇叭状、钟状、坛状，全缘或浅裂。聚伞花序。蒴果
紫草科 Boraginaceae	$*K_{5,(5)}C_{(5)}A_5\underline{G}_{(2:2\sim4:2\sim1)}$	多为草本，常密被粗硬毛。单歧聚伞花序；花冠喉部常有附属物；4 小坚果或核果
马鞭草科 Verbenaceae	$\uparrow K_{(4\sim5)}C_{4\sim5}A_{4\sim6}\underline{G}_{(2:4:1\sim2)}$	常具有特殊气味。叶多对生。花冠二唇形，各式花序。浆果、核果或坚果
唇形科 Labiatae	$\uparrow K_{(5)}C_5A_{4,2}\underline{G}_{(2:4:1)}$	多草本，常含挥发油。茎四棱。叶对生。唇形花冠，轮伞花序。二强雄蕊。小坚果 4 个
茄科 Solanaceae	$*K_{(5)}C_{(5)}A_{5,4}\underline{G}_{(2:2:\infty)}$	多草本，稀木本。叶互生，花单生或聚伞花序，花冠辐状。浆果、蒴果

续表

科名	花程式	主要特征
玄参科 Scrophulariaceae	$\uparrow K_{(4\sim5)}C_{(4\sim5)}A_{2+2,2}\underline{G}_{(2:2)}$	木本常有星状毛。叶多对生。总状或聚伞花序。蒴果、浆果
紫葳科 Bignoniaceae	$\uparrow K_5C_5A_{4,2}\underline{G}_{(2:2\sim1:\infty)}$	木本。叶对生。总状或圆锥花序；花冠5裂，常偏斜，具退化雄蕊1～3；有花盘；蒴果。种子扁平，常有翅或毛
爵床科 Acanthaceae	$\uparrow K_{(5\sim4)}C_{(2\sim3)}A_{4,2}\underline{G}_{(2:2)}$	多草本，稀木本。草本茎节常膨大。叶对生，内含钟乳体。各种花序，蒴果。种子成熟后弹出
车前科 Plantaginaceae	$*K_{(4)}C_{(4)}A_4\underline{G}_{(4\sim2:4\sim2:1\sim\infty)}$	草本。单叶，常基生。穗状花序。蒴果盖裂
茜草科 Rubiaceae	$*K_{(4\sim6)}C_{(4\sim6)}A_{4\sim6}\overline{G}_{(2:2)}$	单叶对生或轮生，全缘，托叶明显，有时呈叶状。蒴果、浆果或核果
忍冬科 Caprifoliaceae	$*\uparrow K_{(4\sim5)}C_{(4\sim5)}A_{4\sim5}\overline{G}_{(2:1\sim5)}$	多为灌木。多单叶对生，稀奇数羽状复叶。浆果、核果、蒴果
败酱科 Valerianaceae	$\uparrow K_{5\sim15,0}C_{(3\sim5)}A_{3\sim4}\overline{G}_{(3:3:1)}$	草本，具强烈气味。叶多为羽状分裂。花冠筒状，基部常有偏突的囊或距；瘦果，或有冠毛或翅
葫芦科 Cucurbitaceae	♂ $*K_{(5)}C_{(5)}A_{5,(3\sim5)}$ ♀ $*K_{(5)}C_{(5)}\overline{G}_{(3)}$	草质藤本，有卷须。叶互生，常为单叶而掌状分裂，有时为鸟足状复叶。花单性，单生或成各种花序。瓠果
桔梗科 Campanulaceae	$*\uparrow K_{(5)}C_{(5)}A_5\overline{G}_{(2\sim5:2\sim5:\infty)}$	草本。常含乳汁。单叶。少数为两侧对称花，聚伞或总状花序。蒴果、浆果
菊科 Compositae	$*,\uparrow K_{0\sim\infty}C_{(3\sim5)}A_{(4\sim5)}\overline{G}_{(2:1:1)}$	草本，稀木本。叶互生。头状花序，外有总苞。舌状花亚科有乳汁，小花同型；管状花亚科无乳汁，小花异型。聚药雄蕊。瘦果，常具冠毛

（二）单子叶植物纲

多为草本平行脉，须根多；胚具子叶 1 枚。

重要科的特征见表 S5-3。

表 S5-3　单子叶植物纲重要科特征

科名	花程式	主要特征
香蒲科 Typhaceae	$*P_0A_{1\sim7,(1\sim7)};*P_0\underline{G}_{1:1:1}$	水生或沼生草本，具根状茎。叶两列状，线形，下部有鞘。花单性同株，呈蜡烛状穗状花序，无花被；小坚果
禾本科 Gramineae	$*P_{2,3\sim6}A_{3,1\sim6}\underline{G}_{(2\sim3:1)}$	多草本，稀木本（竹亚科）。茎中空，叶互生，多线形二列，具叶鞘。由小穗集合成各种花序或复穗状花序。颖果
莎草科 Cyperaceae	$*P_0A_{1\sim3}\underline{G}_{(2\sim3:1)}$	草木。茎实心，常呈三棱形。叶通常三列，叶鞘闭合。由小穗排成各种花序。瘦果或小坚果
棕榈科 Palmae	$*P_{(3+3),3+3}A_{3\sim6,\infty}\underline{G}_{(1\sim3:1\sim3),(4\sim7)}$	木本或木质藤本。茎不分枝。叶互生，聚生于茎顶（藤本为散生）。圆锥或穗状花序。浆果或核果

续表

科名	花程式	主要特征
天南星科 Araceae	$*P_{0,4\sim8}A_{(1\sim\infty)}\underline{G}_{(1\sim\infty:1\sim\infty)}$ $♂P_0A_{(1\sim5),\infty}$ $♀P_0\underline{G}_{(1\sim\infty)}$	草本，常有肉质块茎或根茎。单叶互生。大多基生。花单性或两性，肉穗花序，具佛焰苞。浆果
百部科 Stemonaceae	$*P_{2+2}A_{2+2}\underline{G}_{(2:1:2\sim\infty)}$	多为草本。常具肉质块根。单叶，有明显基出脉和横脉。花单生于叶腋或花梗贴生于叶片中脉上，药隔通常延伸于药室之上形成细长的附属物。蒴果
百合科 Liliaceae	$*P_{3+3,(3+3)}A_{3+3}\underline{G}_{(3:3)}$	草本，地下有鳞茎、块茎或根茎。花两性。总状或伞状花序。蒴果、浆果
石蒜科 Amaryllidaceae	$*P_{(3+3),3+3}A_{6,(6)}\overline{G}_{(3)}$	草本，地下具鳞茎或根茎。花单生或伞形花序。蒴果或浆果
薯蓣科 Dioscoreaceae	$♂*P_{3+3}A_{6,3}$ $♀*P_{3+3}\overline{G}_{(3:3)}$	缠绕性草质藤本，有块茎或根茎。叶腋或有珠芽。穗状、总状花序。蒴果有三棱形翅。种子具翅
鸢尾科 Iridaceae	$*P_{3+3}A_3\overline{G}_{(3:3)}$	草本，具根茎、球茎或鳞茎，叶剑形或线形，常二列。花单生，柱头常三裂，或扩大成花瓣状。总状或单歧聚伞花序。蒴果
姜科 Zingiberaceae	$\uparrow K_{(3)}C_{(3)}A_1\overline{G}_{(1\sim3:1\sim3)}$	草本。根芳香。叶基鞘状，常有舌片。内轮2枚雄蕊退化成唇瓣，能育雄蕊1枚。蒴果。种子可有假种皮
兰科 Orchidaceae	$\uparrow P_{3+3}A_{1\sim2}\overline{G}_{(3:1)}$	草本，土生、附生或腐生。可有假鳞茎。单叶互生，二列状。唇瓣常特化，雄蕊与雌蕊形成合蕊柱。子房扭转。花粉粒成块。蒴果，种子微小而数极多

附录 6　植物形态特征描述的科学术语

对一种植物的形态学描述（描述植物学 phytography）是通过一系列的术语用半技术性的语言来合适地表达，从而提供了对这种植物的准确描述。

（一）根据植物生长习性分类

1. 一年生植物（annual plant） 生活周期为一年或更短的植物。大多数是草本植物，如水稻、玉米、棉花等。

2. 两年生植物（biennial） 存活两个生长季的植物，在第一个生长季营养生长，在第二个生长季开花。

3. 多年生植物（perennial） 能连续生存三年以上的植物。其地下部分生活多年，每年继续发芽生长，而地上部分每年枯死，如芍药、白头翁、萱草等。

4. 多年生草本植物（herbaceous perennial） 地上的苗每年冬天都会死去，次年再由接近地面的储藏部分长出地上的苗。

5. 木本植物（woody plant） 其木质部比较发达，一般比较坚硬，寿命较长。可分为以下几类。

（1）乔木（tree）：具有明显直立主干，多次分枝，树冠广阔，一般明显地分为树冠和枝下高两部分，成熟植株高在 3m 以上的多年生木本植物。

（2）灌木（shrub）：植株矮小、靠近地面枝条丛生，且无明显主干的木本植物。

（3）半灌木（subshrub）：外形类似灌木，但仅地下部为多年生，地上部则为一年生，越冬时多枯萎死亡的木本植物，如金丝桃、黄芪和某些蒿类植物。

6. 藤本植物（vine） 茎长而细弱，不能直立，只能依附其他植物或有他物支撑向上攀升的植物。依茎质地的不同，可分为木质藤本植物和草质藤本植物。

（二）根

根是植物长期适应陆地生活过程中发展起来的器官，构成植物体的地下部分。根由种子幼胚的胚根发育而成，向地下伸长，使植物体固着在土壤里，并从土壤中吸取水分和营养物质。根一般不分节，不生芽。一株植物全部根的总体称为根系。

1. 根系类型

（1）直根系（taproot system）：有明显的主根和侧根区分的根系。裸子植物和大多数双子叶植物的根系为直根系。

（2）须根系（fibrous root system）：无明显的主根和侧根区分的根系。大多数单子叶植物的根系为须根系，如小麦、玉米。

2. 按照根的功能来划分

（1）贮藏根：一部分或全部因储藏营养物质呈肉质肥大的变态根。可分为肉质直根和块根。

1）肉质直根（fleshy taproot）：是由主根发育而成，因而一棵植株上仅有一个肉质直根，在肉质直根的近地面一端的顶部，有一段节间极短的茎，其下由肥大的主根构成肉质直根的主部，一般不分枝，仅在肉质直根上生有细小须状的侧根。例如，萝卜、胡萝卜的食用部分即属肉质直根。

2）块根（root tuber）：由侧根或不定根发育而成的形如块状，具储藏功能的变态根。如甘薯。

（2）气生根（aerial root）：由植物茎上发生的、生长在地面以上，暴露在空气中的不定根。其顶端无根冠和根毛，有根被，能起到吸收气体或支撑植物体向上生长、保持水分的作用，如常春藤、吊兰、石斛。

（3）寄生根（parasitic root）：寄生植物茎上发育的侵入寄主体内以获取养料和水分的根，如菟丝子。

（三）茎

1. 芽（bud） 幼态的茎叶或花，包括茎端分生组织及其外围附属物，以后可发育形成茎叶或花。芽通常容易识别，存在很多类型。

（1）副芽（accessory bud）：位于腋芽两侧或上方生长的一个或两个芽。如杏的一个叶腋内具一个腋芽和两个副芽（花芽）。

（2）不定芽（adventitious bud）：从植物叶子、根、枝等非正常位置产生的芽。如从叶子生长的芽，如秋海棠；或从根上发出的芽，如甘薯；或从枝上发出的芽，如柳树属植物。

（3）腋芽（axillary bud）（侧芽 lateral bud）：着生在枝的侧面叶腋内的芽。

（4）休眠芽（dormant bud）（冬芽 winter bud）：在植物正常生长过程中，处于不开放或不活动状态的芽。

（5）花芽（flower bud）：花或花序的原始体。开放后既可以发育为一朵花（芽内由花萼原基、花瓣原基及雄蕊原基、雌蕊原基构成），也可以形成一个花序（芽内先形成花序原基，而后形成小花原基，再形成花各部的原基）。

（6）混合芽（mixed bud）：含有花或花序、叶和茎原基的芽，如苹果。

（7）裸芽（naked bud）：无鳞片包裹的芽，如枫杨的雄花芽。

（8）鳞芽（scaly bud）：具数片鳞片包裹的芽，如桃的花芽和叶芽。

（9）顶芽（terminal bud）：着生在主干或侧枝顶端的芽。

2. 茎（stem） 是种子幼胚的胚芽向上生长而成，在茎端和叶腋处生有芽，茎和枝条上着生叶的部位叫节（node），两节之间的茎叫节间（internode），叶柄与茎相交的内角为叶腋（leaf axil）。

根据茎的生长习性，可将茎分为以下几类。

（1）直立茎（erect stem）：垂直于地面，呈背地性生长的茎。

（2）平卧茎（prostrate stem）：茎平卧地面生长，不能直立。

（3）匍匐茎（creeping stem）：平卧地面蔓延生长的茎。茎上具叶，节部能生不定根，如草莓。

（4）攀缘茎（scandent stem）：茎上发出卷须、吸器等攀缘器官，借此使植物攀附于他物上。

（5）缠绕茎（twining stem）：一种较柔软，不能直立，以茎本身螺旋缠绕其他支持物向上生长的茎，如牵牛。

植物在长期系统发育的过程中，由于环境变迁，引起器官形成某些特殊适应，以致形态结构发生改变，称为变态。

地下变态茎：变态茎生长在地下，总称地下茎，共有 4 种类型。

（1）鳞茎（bulb）：由许多肥厚的肉质鳞叶包围的扁平或圆盘状的地下茎，如洋葱、百合。

（2）球茎（corm）：一种肉质实心的球形、扁球形或长圆形地下变态茎。具明显的节和节间及较大的顶芽，茎表面被鞘状苞片，芽位于苞片内，如荸荠。

（3）根状茎（rhizome）：多年生植物的根状地下茎。

（4）块茎（tuber）：由地下茎顶端膨大形成的球形肉质茎。内部储藏丰富的营养物质，具一顶芽和螺旋排列的腋芽，如马铃薯。

地上变态茎：地上的变态茎，多是茎的分枝的变态，有 4 种类型。

（1）枝刺（stem thorn）：分枝或芽的变态，由茎变态为具有保护功能的刺。

（2）叶状茎（kladodium）：茎扁化变态成的绿色叶状体。叶完全退化或不发达，而由叶状茎进行光合作用。外形很像叶，但其上具节，节上能生叶和开花。

（3）卷须（tendril）：由枝（如葡萄）、叶或小叶（如豌豆）变态形成的一种细长卷曲、具有攀缘等功能的须状物。

（4）肉质茎（fleshy stem）：肥厚多汁、呈扁圆形、柱形或球形等多种形态，能进行光合作用的茎，如仙人掌、莴苣。

（四）叶

1. 叶的形状 叶形（leaf shape）通常是指叶片的形状，是按照叶片长度和宽度的比例以及最宽处的位置来划分的，是识别植物的重要依据之一。

（1）卵形（ovate）：形如鸡卵，长约为宽的 2 倍或较少，中部以下最宽，向上渐狭，如女贞。

（2）倒卵形（obovate）：是卵形的颠倒，如紫云英、泽漆。

（3）阔卵形（broad ovate）：长宽约相等或长稍大于宽，最宽处近叶的基部，如苎麻。

（4）倒阔卵形（broad obovate）：是阔卵形的颠倒，如玉兰。

（5）圆形（rotund）：长宽相等，形如圆盘，如莲。

（6）椭圆形（ellipse）：叶片中部宽而两端较狭，两侧叶缘呈弧形，如玫瑰、地肤。

（7）阔椭圆形（broad ellipse）：长为宽的 2 倍或较少，中部最宽，如橙。

（8）长椭圆形（long ellipse）：长为宽的 3 ～ 4 倍，最宽处在中部，如栓皮栎。

（9）披针形（lanceolate）：长为宽的3～4倍，中部以上最宽，向上渐狭，如桃。

（10）倒披针形（oblanceolate）：是披针形的颠倒，如细叶小檗。

（11）针形（acicular）：叶细长，先端尖锐，如松属。

（12）线形（linear）：长约为宽的5倍以上，且全长的宽度略等，两侧边缘近平行，如小麦、韭菜。

（13）剑形（ensate）：长而稍宽，先端尖，常稍厚而强壮，形似剑，如鸢尾。

（14）菱形（rhomboidal）：叶片呈等边斜方形，如菱、乌桕。

（15）心形（cordate）：长宽比例如卵形，但基部宽圆而微生凹，先端急尖，全形似心脏，如紫荆、牵牛花。

（16）扇形（flabellate）：形状如扇，如棕榈。

（17）盾形（peltate）：形似盾，叶柄着生在叶的下表面，而不在叶的基部或边缘，如莲。

（18）管状（tube）：长超宽许多倍，圆管状，中空，常多汁，如葱。

（19）带状（zonate）：宽阔而特别长的条状叶，如高粱。

2. 叶端的形状　叶端（leaf apex）是指叶片的顶端，其常见的形状有以下几种。

（1）渐尖（acuminate）：叶尖较长，或逐渐尖锐，尖头延长而有内弯的边，如杏、榆叶梅。

（2）锐尖（acute）：尖端呈一锐角形而有直边，如荞麦、女贞。

（3）尾尖（caudate）：先端呈尾状延长，如郁李、梅。

（4）钝形（obtuse or mutinous）：先端钝或狭圆形，如厚朴、冬青卫矛。

（5）倒心形（obcordate）：叶尖宽圆而凹缺，如酢浆草。

（6）尖凹（emarginate）：叶尖具浅的凹缺，如苋、苜蓿、黄杨。

3. 叶基的形状　由于叶片局部生长情况的差异，叶片基部有各种形态，常见的主要有以下几种。

（1）楔形：中部以下向基部两边渐变成狭形，如楔子。

（2）渐狭：向基部两边变狭的部分更渐进，与叶尖的渐尖类似。

（3）耳垂形：基部两侧各有一耳垂形的小裂片。

（4）合生穿茎：对生叶的基部两侧裂片彼此合生成一整体，而恰似贯穿在叶片中。

（5）心形：基部在叶柄连接处凹入成一缺口，两侧各有一圆裂片。

（6）下延：叶片向下延长，而着生在茎上呈翅状，如烟草、山莴苣。

（7）戟形：基部两侧的小裂片向外延展。

（8）偏斜形：基部两侧不对称，如秋海棠、朴树。

（9）圆形：基部呈半圆形，如苹果。

（10）箭形：基部两侧的小裂片向后延展，并略向内。

4. 叶缘的形状　叶片的边缘称叶缘，形态各异，常见的主要有以下几种。

（1）全缘：叶缘呈一连续的平滑线，不具齿和缺刻，如紫丁香。

（2）锯齿状：边缘具有齿端向前的尖锐锯齿。

（3）牙齿状：边缘的锯齿尖锐，且齿端向外，如黑桑。

（4）波状：边缘有凹凸起伏，形如微浪状。

（5）重锯齿状：锯齿的边缘还有锯齿，如珍珠梅。

（6）纤毛状：边缘有外伸纤细睫毛状物。

（7）刺芒状：叶缘具有由侧脉向外延伸的刺芒。

（8）浅裂：叶片分裂较浅，达叶缘到中脉的约 1/3。

（9）深裂：叶片分裂较深，超过叶缘到中脉距离的 1/2。

（10）全裂：叶片分裂到中脉。

5. 脉序（venation） 指叶片中维管束或叶脉分布的形式。常见的脉序类型有以下几种。

（1）网状脉序（reticulate venation）：具有明显的主脉，并向两侧发出许多侧脉，各侧脉之间再分枝形成细脉，组成网状，分为羽状脉序和掌状脉序两大类，为双子叶植物脉序的特征。

1）羽状脉序（pinnate venation）：网状脉序的一种，侧脉排列在中脉的两侧，呈羽毛状平行分布，如桃、李。

2）掌状脉序（palmate venation）：网状脉序的一种，有数条主脉辐射呈掌状，叶子具五个裂片，形如手掌，如蓖麻。

（2）平行脉序（parallel venation）：脉序的一种，由中脉和侧脉之间相互近于平行，并在叶尖和叶基处联合，无明显小脉网结。按侧脉的形状或自中脉分枝位置的不同分为直出平行脉、横出平行脉、弧形脉和射出脉。为大多数单子叶植物叶脉的特征。

1）直出平行脉（vertical parallel vein）：平行脉序的一种，所有叶脉均从叶基发出，彼此平行直达叶尖，细脉也平行或近于平行生长，如麦冬、莎草。

2）横出平行脉（horizontal parallel vein）：平行脉序的一种，侧脉垂直或近于垂直主脉，侧脉之间彼此平行直达叶缘，如芭蕉、美人蕉。

3）弧形脉（arcuate vein）：平行脉序的一种，所有叶脉均从叶片基部生出，彼此之间的距离逐步增大，稍作弧状，最后距离又缩小，在叶尖汇合，如紫萼、玉簪。

4）射出脉（radiate vein）：平行脉序的一种，所有叶脉均从叶片基部生出，以辐射状态向四面伸展，如棕榈、莲。

（3）叉状脉序（dichotomous venation）：一种比较原始的脉序，叶脉重复成对分枝，如银杏、毛茛科的独叶草。

6. 叶的类型 一个叶柄上只生一个叶片的称单叶（simple leaf）。一个叶柄上生有二至多数叶片的称复叶（compound leaf）。

复叶的叶柄仍叫叶柄，也可称总叶柄，叶柄以上的轴叫叶轴。叶轴两侧所生的叶片叫小叶。小叶的柄叫小叶柄。复叶依小叶排列情况不同可分为以下几种类型。

（1）羽状复叶（pinnate leaf）：复叶的一种，4 片以上小叶沿叶轴两侧呈羽毛状排列，如锦鸡儿、月季。羽状复叶又分为以下两类。

1）奇数羽状复叶（odd-pinnately compound leaf）：叶轴顶端着生一片小叶、小叶数目为单数的羽状复叶，如月季、刺槐。

2）偶数羽状复叶（even-pinnately compound leaf）：叶轴顶端着生两片小叶、小叶数目为偶数的羽状复叶，如花生、皂荚。

羽状复叶的一回分裂羽叶叫羽片（pinna）；叶轴分枝一次，其上着生小叶叫二回羽状复叶（bipinnate leaf），如合欢。叶轴分枝两次，其上着生小叶，叫三回羽状复叶（tripinnate leaf），如苦楝树、南天竺。依次羽片再次分枝，叫多回羽状复叶（pinnately decompound leaf）。

（2）掌状复叶（palmately compound leaf）：复叶的一种，在叶柄顶端着生有3～5片以上小叶，形如手掌，如大麻。

（3）三出复叶（ternately compound leaf）：复叶的一种，在叶柄顶端着生3片小叶，如酢浆草、橡胶树。顶端的小叶柄较长的三出复叶叫羽状三出复叶（ternate pinnate leaf），如苜蓿。三个小叶柄等长的三出复叶叫掌状三出复叶（ternate palmate leaf），如巴西橡胶。

（4）单身复叶（unifoliate compound leaf）：三出复叶中基部两侧小叶退化或向两侧延伸成翅状，叶柄与叶片间有一关节，外形极像单叶的复叶，如柑橘。

7. 叶序 叶在茎或枝上按一定规律排列的方式叫叶序（phyllotaxy）。常见的有以下几种。

（1）互生叶序（alternate phyllotaxy）：在茎或枝的每个节上交互着生一片叶子的叶序。其叶以一定角度错开，呈螺旋方式排列在茎上，如大多数双子叶植物。

（2）对生叶序（opposite phyllotaxy）：在茎或枝的同一个节上相对两侧各着生一片叶子的叶序，如薄荷。

（3）轮生叶序（verticillate phyllotaxy）：在茎或枝的每个节上着生三至多片叶子，并列排成轮状的叶序，如夹竹桃。

（4）簇生叶序（fascicled phyllotaxy）：茎或枝的节间极短，叶子从一着生处呈束簇状生出的叶序，如银杏。

（5）莲座状叶序（rosulate phyllotaxy）：基生叶集中形成莲花状排列方式的一种叶序，如蒲公英。

8. 变态叶

（1）叶卷须（leaf tendril）：由叶片或叶的一部分变成的卷须，如豌豆。

（2）叶刺（leaf thorn）：由叶或托叶转变成的刺状突起，如小檗属植物。

（3）捕虫叶（insect-catching leaf）：一种能捕捉小虫，并吸取其营养的变态叶，如猪笼草。

（4）叶状柄（phyllode）：叶片完全退化，由叶柄转变成扁平的片状，以替代叶片行使光合作用的叶状体，如台湾相思树。

（5）鳞叶（scale leaf）：一种特化成肥厚多汁的鳞片状叶（如洋葱），或退化成膜质干燥的鳞片状叶（如荸荠）。

（五）花

1. 花冠形状 由于花瓣分离或连合、花瓣形状、大小、花冠筒长短不同，形成各种类型的花冠，主要有下列几种。

（1）十字形花冠（cruciferous corolla）：花冠的一种类型，由4片形状和大小一致的分离花瓣排列成十字形，如油菜。

（2）蝶形花冠（papilionaceous corolla）：花冠的一种类型，花瓣5片，由单个大的旗瓣、两个侧面的翼瓣和两个合生的龙骨瓣组成，如花生。

（3）漏斗形花冠（funnelform corolla）：花瓣5片全部合生成漏斗形，如甘薯、牵牛。

（4）钟形花冠（campanulate corolla）：花冠筒宽而稍短，上部扩大成钟形，如桔梗、沙参。

（5）唇形花冠（labiate corolla）：花冠的一种类型，由两裂片合生为上唇瓣和三裂片合生为下唇瓣构成的唇形花冠，如丹参。

（6）轮状花冠（rotate corolla）：花冠筒极短，花冠裂片向四周辐射状伸展，如茄、番茄。

（7）舌状花冠（ligulate corolla）：花冠的一种类型，花冠基部成一短筒，瓣片张开形如舌状的合瓣花冠，如向日葵。

（8）管状花冠（tubular corolla）：花冠的一种类型，花瓣合生成筒状，如向日葵。

（9）坛状花冠（urceolate corolla）：花冠的一种类型，花冠筒膨大呈卵形或球形，形如罐状，中空，口部缢缩成一短颈，如石楠属植物。

2. 雄蕊（stamen） 被子植物花中可产生花粉的雄性生殖器官。由花药和花丝两部分组成。

（1）雄蕊的形态：雄蕊的形态可分为下述几种类型。

1）离生雄蕊（distinct stamen）：各自分离的雄蕊，如大多数被子植物。

2）单体雄蕊（monadelphous stamen）：雄蕊多数，花药完全分离而花丝合并成一束的雄蕊，如棉属植物。

3）二体雄蕊（diadelphous stamen）：雄蕊10枚，花药完全分离而花丝合并为两束的雄蕊，如蚕豆。

4）多体雄蕊（polyadelphous stamen）：雄蕊多数，花药完全分离而花丝合并为多束的雄蕊，如金丝桃。

5）聚药雄蕊（syngenesious stamen）：一朵花中花丝分离，花药合并成管状或环状的雄蕊，如菊科植物。

6）二强雄蕊（didynamous stamen）：一朵花中具2个较长、2个较短的雄蕊，如唇形科植物。

7）四强雄蕊（tetradynamous stamen）：一朵花中具4个较长、2个较短的雄蕊，如十字花科植物。

8）冠生雄蕊（epipetalous stamen）：指一朵花的雄蕊贴生于花冠上，如茄、紫草和丁香的雄蕊。

9）退化雄蕊（staminode）：不育的雄蕊。

（2）花药的着生方式：花药在花丝上的着生方式包括以下4种。

1）全着药（adnate anther）：背部全部着生在花丝上的花药，如莲。

2）基着药（basifixed anther）：基部着生于花丝顶端的花药，如莎草。

3）背着药（dorsifixed anther）：以背部着生于花丝顶端的花药，如油桐。

4）丁字药（versatile anther）：以背部中央一点着生于花丝顶端的花药。易于摇晃，如水稻。

3. 雌蕊（pistil） 一朵花中的雌性器官。位于花的中心部位，是由一个或两个以上心皮形成的结构。通常由子房、花柱和柱头三部分组成。雌蕊位于花的中央，是花的雌性器官，将来发育成果实。它是由1个或数个变态叶组成，这种变态叶叫作心皮（carpel），心皮是组成雌蕊的基本单位。心皮两边缘卷曲而合生的缝，叫作腹缝线（ventral suture）；心皮的中脉叫作背缝线（dorsal suture）。

（1）雌蕊的组成部分：一个典型的雌蕊包括柱头、花柱和子房3部分。

1）柱头（stigma）：雌蕊上部接受花粉的部分。柱头表面常具腺体，可分为干柱头和湿柱头两种类型。

2）花柱（style）：雌蕊中由子房到柱头之间细长的柱状结构。花粉管由此通过，可分为实心和中空两种。

3）子房（ovary）：雌蕊基部膨大，并包含胚珠的部分。

（2）雌蕊的类型

1）单雌蕊（simple pistil）：一个心皮构成的雌蕊，如桃。

2）离生雌蕊（apocarpous gynoecium）：一朵花中由几个彼此分离的心皮形成的雌蕊，如莲。

3）复雌蕊（compound pistil）：在一朵花中由两个或两个以上心皮合生的雌蕊，如蓖麻。

（3）胎座：在子房内着生胚珠或种子的子房壁部分叫作胎座（placenta）。由于心皮合生状况、胚珠数目的不同，有点状、线状、隆起而肥厚的不同。

1）基生胎座（basal placenta）：胚珠位于子房基部，如菊科植物。

2）顶生胎座（apical placenta）：胚珠着生并悬垂于子房顶部，如瑞香科植物。

3）边缘胎座（marginal placenta）：单心皮单室的子房中，胚珠着生在心皮边缘的腹缝线上，如豆科植物。

4）侧膜胎座（parietal placenta）：由两个以上心皮构成的单室子房，胚珠着生于心皮腹缝线上，如黄瓜。

5）中轴胎座（axile placenta）：由多心皮合生构成多室子房，胚珠沿子房的中轴着生，如橙。

6）特立中央胎座（free-central placenta）：由两个以上心皮构成单室子房，除基部外，胚珠着生在与子房壁分离的轴柱胎座上，如石竹科植物。

4. 花托（receptacle） 是被子植物中花梗膨大的部分，是花被、雄蕊群、雌蕊群着生的部位。在较原始植物的花里，花各部分的排列呈螺旋状，所以花托也多少有些伸长，如木兰和毛茛的花托。但在进化程度较高植物的花里，花的各部则呈轮状排列，所以花托也就比较短。花托的形状有球状、盘状、杯状、壶状等。由于花托形状的变化，花部着生的位置也发生变化，将来所形成的果实也发生改变，这些变化在研究植物分类和演化的关系上很重要。花各部分在花托上着生的位置有以下三种类型。

（1）下位花（hypogynous flower）：花托多少有些凸起或稍呈圆锥状，花部呈轮状排列于其上，最外的或最下的是花萼，向内依次为花冠、雄蕊、雌蕊，而花萼、花冠和雄蕊的着生点都较子房低，故称为下位花。子房位置则处于一朵花中央的最高处，因而叫作上位子房（superior ovary），如毛茛、油菜的花。

（2）周位花（perigynous flower）：花托多少有些凹陷而膨大，呈浅盘状、杯状或壶状，子房着生于其中央的底部而与周围完全分离；花萼、花冠和雄蕊依次着生在花托上端内侧周围，并围着子房，所以叫作周位花。这里，子房本身位置未变，所以仍是上位子房，如桃和杏的花。

（3）上位花（epigynous flower）：花托凹陷而膨大成多种形状，子房着生其中，且彼此完全愈合，仅有花柱和柱头外露；花萼、花冠和雄蕊依次着生在花托的顶部，而位于子房之上，所以叫作上位花。由于子房陷入花托，而位于其他各轮之下，所以叫作下位子房（inferior ovary），如西瓜和向日葵的花。

5. 花序（inflorescence） 指许多花按一定顺序排列的花枝。按花序轴的长短、分枝与否、花柄有无及花开放的顺序等分为无限花序和有限花序两大类。

（1）无限花序（indefinite inflorescence）：又称向心花序（centripetal inflorescence），是花序的一种。花序轴可继续生长，并不断产生花芽。开花的顺序为花序轴基部的花或边缘的花先开，顶部或中央的花后开。

1）穗状花序（spike）：花轴直立，较长，花的排列与总状花序相似，但花无柄或近无柄，直接生长在花序轴上呈穗状，如车前、大麦等。

2）总状花序（raceme）：无限花序的一种，花序轴较长、直立不分枝，上面着生许多花柄等长的两性花，如油菜。

3）葇荑花序（catkin）：花序轴柔软下垂，上面由许多无柄的单性无花被花组成，开花后雄性花序脱落，雌性花序在果实成熟后脱落，如杨树、柳树。

4）伞房花序（corymb）：花序轴较短，下部花柄较长，向上渐短，近顶端的花柄最短，花排列在一个平面上，如苹果、梨、山楂。

5）伞形花序（umbel）：花序轴缩短，大多数花着生在花序轴顶端，两性花的花柄近等长，形如张开的伞状，如伞形科植物。

6）头状花序（capitulum）：花无柄，集生于一平坦或隆起的总花托（花序托）上，而形成一头状体，如菊科植物。

7）肉穗花序（spadix）：一种肥厚肉质的穗状花序，花序轴粗短，花单性（少数两性）无柄，如玉米。

8）隐头花序（hypanthodium）：花序轴特别膨大内陷成中空头状，许多无柄单性花聚生在肉质中空花序轴上，雄花在上，雌花在下，如无花果。

（2）有限花序（definite inflorescence）：花序的一种。花序轴顶端的花先开，故花序轴受到限制而不能继续向上生长、延伸。而由侧枝顶端产生花芽，开花的顺序为花序轴顶端和中央的花先开，下部或外边的花后开。

1）单歧聚伞花序（monochasium）：连续形成的花序轴分枝，交替排列在假轴相对两侧。包括：①螺状聚伞花序（helicoid cyme），一侧发育而卷曲如螺旋状的聚伞花序，如附地菜、聚合草等。②蝎尾状聚伞花序（scorpioid cyme），侧生聚伞花序左右间隔形成，如唐菖蒲、委陵菜等。

2）二歧聚伞花序（dichasium）：在花序轴顶端一朵花下面，形成两个相对侧枝，花生于枝的顶端。之后再按此继续生出分枝和顶花，如石竹。

3）多歧聚伞花序（pleiochasium）：在花序轴顶花下面，分出多条分枝，各分枝又形成一个小的聚伞花序，如京大戟。

4）轮状聚伞花序（verticillaster）：从多个对生叶或苞片腋部产生轮生的聚伞花序，如益母草。

（六）果

根据果实的形态结构可分为三大类，即单果、聚合果和聚花果（复果）。

1. 单果（simple fruit） 是由一朵花中的一个单雌蕊或复雌蕊发育而成。根据果皮及其附属部分成熟时果皮的质地和结构，可分为干果和肉质果两类。

（1）干果（dry fruit）：成熟后，果皮脱水干燥的果实。根据成熟时果皮是否开裂分为裂果和闭果两类。

1）裂果（dehiscent fruit）：果实成熟后果皮开裂，依心皮数目和开裂方式不同，分为下列几种。

a）蓇葖果（follicle）：由单心皮发育而成，成熟时沿背缝线或腹缝线一侧开裂的果实。含一粒或数粒种子，如木兰。

b）荚果（legume）：由单心皮的上位子房发育而成，成熟时沿背缝线和腹缝线两边同时裂开的果实。果皮裂为两瓣，如豆科植物的果实，但也有少数不开裂，如落花生。

c）角果（silique）：十字花科植物特有的果实类型，由两个合生心皮和上位子房发育而成，从边缘胎座形成的假隔膜将子房分为两室，果实成熟时果皮由下而上沿两侧腹线纵裂成两瓣。按果实长短分为长角果和短角果。

d）蒴果（capsule）：由两个以上心皮合生而成，成熟时有纵裂（如陆地棉）、盖裂（如马齿苋）和孔裂（如罂粟属植物）等不同方式的果实。

2）闭果（indehiscent fruit）：成熟后，果皮不自然开裂的果实。常含一枚种子。又分下列几种。

a）瘦果（achene）：由一枚或数枚心皮形成的小型闭果。含一枚种子，果皮坚硬，果皮与种皮易于分离，如白头翁、向日葵、荞麦的果实。

b）颖果（caryopsis）：与瘦果相似，也是一室，内含一粒种子，但果皮与种皮愈合，因此常将果实误认为是种子，如禾本科植物。

c）坚果（nut）：具一枚种子，果皮坚硬呈骨质状的干果，如栎属植物。

d）翅果（samara）：具一枚种子，果皮延展呈翅状的果实，如槭属植物。

e）双悬果（cremocarp）：由两心皮的雌蕊发育而成的果实，成熟后心皮分离成两瓣，并且悬挂在中央果柄的上端，种子仍包在心皮中，如窃衣、柴胡等伞形科植物。

f）胞果（utricle）：由合生心皮的上位子房形成，果皮膜质的小囊内含有一枚种子，并与种子极易分开的果实，如藜属植物。

（2）肉质果（fleshy fruit）：是指果实成熟时，果皮或其他组成部分，肉质多汁。常见的有以下几种。

1）浆果（berry）：由合生心皮的上位或下位子房形成，外果皮较薄，中果皮和内果皮肉质多浆的一种肉果。含一至数粒种子，如葡萄、柿子、香蕉。

2）柑果（hesperidium）：由合生心皮上位子房发育而来的一种肉果。外果皮海绵状，具油腺，中果皮薄，分布有维管组织，内果皮具若干肉质多汁的汁囊，每室含数粒种子，如柑橘属植物。

3）核果（drupe）：由单心皮或合生心皮发育而成的一种肉果。外果皮薄，中果皮肉质，内果皮骨质，内有一室含一粒种子或数室含数粒种子，如桃属植物。

4）梨果（pome）：由合生心皮的下位子房和花萼筒愈合共同发育而成的一种肉质果实。肉质的外、中果皮为花萼筒部分，内果皮呈软骨质，如梨属植物。

5）瓠果（pepo）：由合生心皮的下位子房和花托参与形成的一种肉果。外果皮较坚硬，中、内果皮肉质化，子房具一室多种子，如葫芦科植物。

2. 聚合果（aggregate fruit） 在一朵花的花托上聚生若干离生雌蕊，每一雌蕊发育成一个小的果实，许多小果聚生在花托上形成的果实，如草莓。

3. 聚花果（复果，multiple fruit） 由整个花序发育而成的果实。花序中的每朵花形成独立的小果，聚集在花序轴上，外形似一果实，如桑葚、凤梨、无花果。

附录7 植物检索表的编制与应用

植物检索表是鉴定植物不可缺少的工具，要鉴定一个植物，必须学会植物检索表的使用方法。植物的各个分类单位如门、纲、目、科、属、种，都有自己的检索表，但以分科、分属、分种的检索表最为常用。

植物检索表是根据二歧分类的原理、以对比的方式编制的区分植物类群的表格。具体来说，就是把植物类群的特征进行比较，相同的归在一项，不同的归在另一项，在相同的项下又以不同点分开，依此下去，直到把植物类群区分出来为止。检索表所列的特征，主要是形态特征。

（一）二歧检索表的编制和使用方法

1. 分类检索表的编制原则 分类检索表是以区分生物为目的编制的表。目前，常用的是二歧分类检索表。这种检索表把同一类别的植物，根据一对或几对相对性状的区别，分成相对应的两个分支。接着，再根据另一对或几对相对性状，把上面的每个分支再分成相对应的两个分支，好像二歧式分支一样，如此，逐级排列下去，直到编制出包括全部生物类群的分类检索表。

2. 检索表的使用方法 当遇到一种不知名的植物时，应当根据植物的形态特征，按检索表的顺序，逐一寻找该植物所处的分类地位。首先确定是属于哪个门、哪个纲和哪个目的植物，然后再继续查其分科、分属以及分种的植物检索表。

在运用植物检索表时，应该详细观察植物标本，按检索表一项一项地仔细查对。对于完全符合的项目，继续往下查找，直至检索到终点为止。

使用检索表时，首先应全面观察标本，然后再查阅检索表，当查阅到某一分类等级名称时，必须将标本特征与该分类等级的特征进行全面的核对，若两者相符合，则表示所查阅的结果是准确的。

（二）常见的植物分类检索表

有定距式（级次式）、平行式和连续平行式三种：

1. 定距式（级次式）检索表 将每一对互相区别的特征分开编排在一定的距离处，标以相同的项号，每低一项号退后一字。如：

1. 植物体构造简单，无根、茎、叶的分化，无胚。（低等植物）

  2. 植物体不为藻类和菌类所组成的共生体。

    3. 植物体内含叶绿素或其他光合色素，自养生活方式 ………………………… 藻类植物

    3. 植物体内无叶绿素或其他光合色素，营寄生或腐生生活 ………………………… 菌类植物

  2. 植物体为藻类和菌类所组成的共生体 ………………………… 地衣类植物

1. 植物体构造复杂，有根、茎、叶的分化，有胚。（高等植物）

    4. 植物体有茎、叶和假根 ………………………… 苔藓植物门

4. 植物体有茎、叶和根。

5. 植物以孢子繁殖……………………………………………………………………………………蕨类植物门

5. 植物以种子繁殖……………………………………………………………………………………种子植物门

定距检索表的优点是把相对性质的特征排列在同等距离，一目了然，便于应用。但如果编排的种类过多，检索表必然偏斜而浪费很多篇幅。我国的植物志、植物图鉴以及单独成册的植物检索表，大多采用等距检索表。

2. 平行式检索表　将每一对互相区别的特征编以同样的项号，并紧接并列，项号虽变但不退格，项末注明应查的下一项号或查到的分类等级。如：

1. 植物体构造简单，无根、茎、叶的分化，无胚（低等植物）……………………………………………………2

1. 植物体构造复杂，有根、茎、叶的分化，有胚（高等植物）……………………………………………………4

2. 植物体为菌类和藻类所组成的共生体 ……………………………………………………………地衣类植物

2. 植物体不为菌类和藻类所组成的共生体 ………………………………………………………………………3

3. 植物体内含有叶绿素或其他光合色素，自养生活方式 …………………………………………藻类植物

3. 植物体内不含叶绿素或其他光合色素，营寄生或腐生生活 ……………………………………菌类植物

4. 植物体有茎、叶和假根……………………………………………………………………………苔藓植物门

4. 植物体有茎、叶和根……………………………………………………………………………………………5

5. 植物以孢子繁殖…………………………………………………………………………………蕨类植物门

5. 植物以种子繁殖…………………………………………………………………………………种子植物门

平行检索表的优点是排列整齐而美观，且节约篇幅，但不如定距式检索表一目了然。

3. 连续平行式检索表　将一对互相区别的特征用两个不同的项号表示，其中后一项号加括弧，以表示它们是相对比的项目，如下列中的 1.（6）和 6.（1），排列按 1.2.3……的顺序。查阅时，若其性状符合 1 时，就向下查 2。若不符合 1 时就查相对比的项号 6，如此类推，直到查明其分类等级。如：

1.（6）植物体构造简单，无根、茎、叶的分化，无胚。（低等植物）

2.（5）植物体不为藻类和菌类所组成的共生体。

3.（4）植物体内有叶绿素或其他光合色素，自养生活方式……………………………………………藻类植物

4.（3）植物体内不含叶绿素或其他光合色素，营寄生或腐生生活…………………………………菌类植物

5.（2）植物体为藻类和菌类的共生体………………………………………………………………地衣类植物

6.（1）植物体构造复杂，有根、茎和叶的分化，有胚。（高等植物）

7.（8）植物体有茎、叶和假根…………………………………………………………………………苔藓植物门

8.（7）植物体有茎、叶和根

9.（10）植物以孢子繁殖 ……………………………………………………………………………蕨类植物门

10.（9）植物以种子繁殖 ……………………………………………………………………………种子植物门

连续平行式检索表既能克服定距式检索表浪费篇幅的缺陷，又能弥补平行式检索表不清晰的缺陷。也就是说，一方面，左边的字码都平头写；另一方面，又用 1.（4）和 4.（1）这

类方式把相对立的一对特征紧紧地联系起来。这对于检索是一种很方便的格式，但编制检索表时比较费事。这种检索表在植物分类中使用得不多。

（三）编制简单的二歧检索表的方法

在编制检索表时，首先将所要编制在检索表中的植物，进行全面细致的研究，而后对其各种形态特征进行比较分析，找出各种形态的相对性状（注意一定要选择醒目特征），然后再根据所拟采用的检索表形式，按先后顺序，分清主次，逐项排列起来加以叙述，并在各项文字描述之前用数字编排。最后到检索出某一等级的名称时，应写出具体名称（科名、属名和种名）。在名称之前与文字描述之间要用"……"连接。例如，在被子植物这一大类群中，有些胚是两片子叶，有些胚只是一片子叶，于是可以根据这一对立特征及其他一些特征将被子植物分为两大类。按平行式排列编出检索表：

1. 胚有两片子叶；叶片多具网状脉序；花各部分的基数常是 5 或 4 ………………………………… 双子叶植物纲
1. 胚有一片子叶；叶片多具平行脉序；花各部分的基数常是 3 ………………………………………… 单子叶植物纲

（四）使用植物分类检索表应注意的事项

使用植物分类检索表鉴定植物是否准确，客观上取决于标本的质量和数量，参考书和植物分类检索表编写的水平；主观上受限于使用者对于植物形态名词术语理解的准确性，以及观察事物的方法和能力。使用植物分类检索表时应注意以下几点。

1. 植物标本必须比较完备且具有代表性。木本植物要有茎、叶、花和果实；草本植物应有根、茎、叶、花和果实。还应附有野外采集原始记录。由于植物有阶段性发育的特点，在实际工作中很难采集到一份根、叶、花和果实同时具备的植物标本，因此，用植物分类检索表鉴定植物时，最好多准备几份标本，以便相互补充。

2. 需有必要的解剖用具，如放大镜、镊子、解剖针、刀片、尺子和参考书如《中国植物志》、《中国高等植物图鉴》或各地的植物志。

3. 使用植物分类检索表的人必须准确理解植物形态名词术语的含义，并且要认真细致地观察植物的形态特征。

4. 对于尚不知属于何种类群的植物，要按照分类阶层由大到小的顺序检索，即先检索植物分门检索表，依次再查植物分纲、分科、分属和分种检索表。由于多数植物工作者都能凭掌握的植物学知识和经验判断出植物所属的门和纲，因此，植物分类中最常用的检索表是植物分科检索表、植物分属检索表和植物分种检索表。

5. 植物分类检索表中植物出现的顺序取决于编制检索表的人所选取植物特征的先后，并不能反映植物间的亲疏关系。

附录 8　药用植物学综合试卷

《药用植物学》综合试卷（一）

一、单项选择题（本大题共 20 小题，每小题 1 分，共 20 分）

1. 现知最早的本草著作为（　　）。

A.《新修本草》　B.《本草经集注》　C.《神农本草经》　D.《证类本草》

2. 构成植物体形态结构和生命活动的基本单位是（　　）。

A. 原生质体　B. 细胞核　C. 细胞　D. 组织

3. 纹孔的类型有（　　）。

A. 半缘纹孔　B. 具缘纹孔　C. 单纹孔　D. 以上均是

4. 韧皮部位于外侧，木质部分位于内侧，中间有形成层的维管束类型为（　　）。

A. 辐射型　B. 无限外韧型　C. 双韧型　D. 周木型

5. 具有不均匀加厚的初生壁的细胞是（　　）。

A. 厚角细胞　B. 厚壁细胞　C. 薄壁细胞　D. 导管细胞

6. 腺毛属于（　　）。

A. 分生组织　B. 薄壁组织　C. 分泌组织　D. 机械组织

7. 根的吸收作用主要在（　　）。

A. 根冠　B. 分生区　C. 伸长区　D. 根毛区

8. 腺鳞的头部通常由多少个细胞构成（　　）。

A. 4 ～ 5 个　B. 1 个　C. 6 ～ 8 个　D. 3 ～ 4 个

9. 桑的果实属于（　　）。

A. 聚合果　B. 单果　C. 聚花果　D. 干果

10. 马铃薯的部位是（　　）。

A. 块根　B. 块茎　C. 根状茎　D. 球茎

11. 双子叶植物叶的脉序通常为（　　）。

A. 网状脉序　B. 弧状脉序　C. 直出平行脉　D. 分叉脉序

12. 十字花科植物常见的花冠类型为（　　）。

A. 蝶形　B. 唇形　C. 十字形　D. 管状

13. 柑果皮的分泌组织为（　　）。

A. 离生性分泌腔　B. 分泌腺　C. 乳汁管　D. 溶生性分泌腔

14. 植物分类学上基本分类单位是（　　）。

A. 科　B. 属　C. 种　D. 亚种

15. 益母草叶的排列方式为（　　）。

A. 互生　B. 对生　C. 簇生　D. 轮生

16. 灵芝的入药部位是（　　）。

A. 菌核　B. 子座　C. 子实体　D. 根状菌索

17. 植物界中进化程度最高的类群是（　　）。

A. 苔类植物　B. 藓类植物　C. 蕨类植物　D. 被子植物

18. 花序轴肉质粗大呈棒状，外具佛焰苞的花序为（　　）。

A. 肉穗花序　B. 穗状花序　C. 柔荑花序　D. 隐头花序

19. 菊科的果实类型多为（　　）。

A. 颖果　B. 瘦果　C. 蓇葖果　D. 翅果

20. 以下不属于伞形科的特征的是（　　）。

A. 草本，茎具纵棱　B. 具明显托叶鞘　C. 复伞形花序　D. 双悬果

二、填空题（本大题共 9 小题，每空 1 分，共 20 分）

1. 按照化学组成，植物细胞中的晶体分＿＿＿＿＿结晶和＿＿＿＿＿结晶两种。
2. 根的根毛区横切片可看到根的初生构造，由外至内分别为＿＿＿＿＿、＿＿＿＿＿、＿＿＿＿＿。
3. 茎节上产生一些不定根，深入土中增强茎干支持力量，这种根称为＿＿＿＿＿。
4. 地下变态茎仍具有茎的一般特征，如根状茎，具有＿＿＿＿＿、＿＿＿＿＿、＿＿＿＿＿，可与根相区别。
5. 颈卵器植物包括＿＿＿＿＿、＿＿＿＿＿、＿＿＿＿＿。
6. 菌类植物中，药用真菌多数属于＿＿＿＿＿和＿＿＿＿＿。
7. 番红花所属的植物科名为＿＿＿＿＿，其药用部位为柱头。
8. 菘蓝所属的科植物的果实类型为＿＿＿＿＿，该科植物具有＿＿＿＿＿雄蕊。
9. 周皮包括＿＿＿＿＿、＿＿＿＿＿和＿＿＿＿＿三部分。

三、名词解释（本大题共 5 小题，每小题 4 分，共 20 分）

1. 凯氏带
2. 四强雄蕊
3. 假果
4. 双受精
5. 双名法

四、问答题（本大题共 5 小题，共 40 分）

1. 简述分生组织的细胞特征。（7 分）
2. 薄壁组织分为哪几类？各有何特点？（8 分）
3. 简述双子叶植物叶片的叶肉构造特点。（8 分）
4. 植物分类学的目的、意义是什么？（7 分）
5. 试述多年生双子叶木本植物茎的次生结构特点。（10 分）

【参考答案】

一、单项选择题（本大题共 20 小题，每小题 1 分，共 20 分）

1. C　2. C　3. D　4. B　5. A　6. C　7. D　8. C　9. C　10. B　11. A　12. C　13. D　14. C　15. B　16. C　17. D　18. A　19. B　20. B

二、填空题（本大题共 9 小题，每空 1 分，共 20 分）

1. 草酸钙　碳酸钙
2. 表皮　皮层　维管柱
3. 支持根
4. 节　节间　顶芽
5. 苔藓植物　蕨类植物　裸子植物
6. 子囊菌亚门　担子菌亚门
7. 鸢尾科
8. 角果　四强
9. 木栓层　木栓形成层　栓内层

三、名词解释（本大题共 5 小题，每小题 4 分，共 20 分）

1. 凯氏带：位于内皮层，径向壁和上下壁局部增厚，增厚部分呈现带状环绕一整圈。
2. 四强雄蕊：十字花科雄蕊特征，雄蕊 6 枚，四长二短。
3. 假果：由子房和花的其他部分，如花托、花萼、花序轴共同发育形成的果实。
4. 双受精：是卵细胞和极核同时与 2 个精子分别融合成胚与胚乳的过程，是被子植物有性生殖特有现象。
5. 双名法：植物双名法是指规定每个植物的学名由两个拉丁词组成，第一个词是属名，第二个词是种加词，后附命名人的名字。

四、问答题（本大题共 5 小题，共 40 分）

1. 分生组织的细胞代谢作用旺盛，具有强烈的分生能力；体积一般较小，排列紧密；细胞壁薄，细胞质浓，细胞核相对大；无明显液泡和质体分化，但含有线粒体、高尔基体、核糖体等细胞器。
2. 依其结构、功能的不同可分为一般薄壁组织、通气薄壁组织、同化薄壁组织、输导薄壁组织、吸收薄壁组织、储藏薄壁组织等。一般薄壁组织主要起填充和联系其他组织的作用。通气薄壁组织细胞间隙特别发达，常形成大的空隙或通道，具有储藏空气的功能。同化薄壁组织细胞中有叶绿体，能进行光合作用，制造营养物质。输导薄壁组织细胞较长，有输导水分和养料的作用。吸收薄壁组织主要功能是从土壤中吸收水分和矿物质等，并运送到输导组织中。储藏薄壁组织含有大量淀粉、蛋白质、脂肪油或糖等营养物质。
3. 位于上下表皮之间，分为海绵组织（圆形或不规则，间隙大，疏松排列如海绵，叶绿体少）

和栅栏组织（呈圆柱形，排列整齐紧密。含有大量叶绿体）。

4. 植物分类学是研究植物类群的分类，探索植物起源和亲缘关系，阐明植物界各类群间进化发展规律的学科。主要包括鉴定、命名和分类三部分内容。它是一门理论性、实用性和直观性均较强的生命学科。

5. 从外向内由以下几个部分组成：①周皮：木栓层、木栓形成层、栓内层。②皮层（有或无）。③韧皮部：初生韧皮部、次生木质部。④维管形成层：束间形成层和束中形成层。⑤木质部：初生木质部、次生木质部。⑥维管射线。⑦髓。

《药用植物学》综合试卷（二）

一、单项选择题（本大题共 20 小题，每小题 1 分，共 20 分）

1. 下面选项中哪项是植物细胞特有的结构（　　）。

A. 线粒体　　B. 溶酶体　　C. 细胞壁　　D. 核糖体

2. 下列各项中属于质体的细胞器是（　　）。

A. 白色体　　B. 有色体　　C. 叶绿体　　D. 三者均是

3. 能积累淀粉形成淀粉粒的是（　　）。

A. 白色体　　B. 叶绿体　　C. 有色体　　D. 溶酶体

4. 属于植物的次生保护组织的是（　　）。

A. 树脂道　　B. 蜜腺　　C. 表皮　　D. 周皮

5. 只能保持一定时间的分生能力，由已经分化的薄壁组织重新恢复分生能力而形成的是（　　）。

A. 顶端分生组织　　B. 侧生分生组织　　C. 居间分生组织　　D. 原分生组织

6. 根的初生结构中，维管束类型为（　　）。

A. 辐射型　　B. 无限外韧型　　C. 双韧型　　D. 周木型

7. 蕨类植物的主要输水组织是（　　）。

A. 管胞　　B. 导管　　C. 筛管　　D. 筛胞

8. 根的内皮层某些细胞的细胞壁不增厚，这些细胞称为（　　）。

A. 泡状细胞　　B. 通道细胞　　C. 运动细胞　　D. 填充细胞

9. 根的内皮层上有（　　）。

A. 中柱鞘　　B. 凯氏带　　C. 木质部　　D. 韧皮部

10. 天南星科植物的佛焰苞为（　　）。

A. 苞片　　B. 鳞片　　C. 根状叶　　D. 叶卷须

11. 仙人掌的刺状物是（　　）。

A. 根的变态　　B. 地上茎的变态　　C. 地下茎的变态　　D. 叶的变态

12. 叶绿素主要分布在（　　）。

A. 栅栏组织　　B. 中柱鞘　　C. 内皮层　　D. 表皮

13. 心皮是构成雌蕊的（　　）。

A. 变态根　　B. 变态茎　　C. 变态托叶　　D. 变态叶

14. 假果是（　　）。

A. 果实的变态　　B. 由花托发育而来

C. 由花托和花被发育而来　　D. 由子房和其他部分共同发育而来

15. 以下植物分类学等级中，最大的分类单位是（　　）。

A. 界　　B. 门　　C. 种　　D. 目

16. 以下属于维管植物的是（　　）。

A. 蕨类植物　　B. 菌类植物　　C. 苔藓类植物　　D. 地衣类植物

17. 被子植物的主要特征不包括（　　）。

A. 胚珠裸露　　B. 具有真正的花

C. 具有独特的双受精现象　　D. 具有根、茎、叶分化

18. 不属于兰科植物的特征为（　　）。

A. 花单性　　B. 多为草本

C. 唇瓣常特化　　D. 雄蕊与花柱形成合蕊柱

19. 菊花的花序为（　　）。

A. 穗状花序　　B. 总状花序　　C. 肉穗花序　　D. 头状花序

20. 一般单子叶植物具有（　　）。

A. 网状脉　　B. 平行脉　　C. 掌状脉　　D. 羽状脉

二、多项选择题：下列每题至少有两个正确答案，错选或漏选均不得分（每题 2 分，共 10 分）

1. 属于细胞后含物的有（　　）。

A. 淀粉　　B. 脂肪　　C. 结晶　　D. 菊糖　　E. 植物激素

2. 雄蕊的组成部分是（　　）。

A. 花丝　　B. 子房　　C. 花柱　　D. 花药　　E 柱头

3. 无限花序花的开放顺序是（　　）。

A. 由下而上　　B. 由上而下　　C. 由外向内　　D. 由内向外　　E. 无序

4. 下列属于五加科的植物有（　　）。

A. 防风　　B. 人参　　C. 三七　　D. 白芷　　E. 柴胡

5. 地衣是植物界一个特殊的类群，它们是由哪些类型植物结合的共生复合体（　　）。

A. 藻类植物　　B. 菌类植物　　C. 苔藓植物　　D. 蕨类植物　　E. 裸子植物

三、填空题（本大题共 9 小题，每空 1 分，共 20 分）

1. 分生组织按其来源和功能的不同可分为__________、__________、__________。

2. 保护组织有__________和__________之分。

3. 枝条插入土中后生的根是__________。

4. 周皮是由木栓层、__________、__________三种不同组织构成的复合组织。

5. 髓射线外连__________，内连髓，具有横向运输和储藏作用。

6. 具有__________、__________和__________三部分的叶称完全叶。

7. 地衣根据形态可分为__________、__________和__________三种类型。

8. 伞形科植物的果实多为__________类型。

9. 高等植物包括__________、__________、__________和__________。

四、名词解释（本大题共5小题，每小题4分，共20分）

1. 通道细胞

2. 二体雄蕊

3. 胎座

4. 蝶形花冠

5. 真果

五、问答题（本大题共4小题，共30分）

1. 请简述裸子植物的主要特征。（7分）

2. 试比较表皮和周皮的区别。（7分）

3. 简述二体雄蕊和二强雄蕊的比较。（6分）

4. 根据植物组织构造原理，解释为什么"老树中空还能生存"及"树怕剥皮"？（10分）

【参考答案】

一、单项选择题（本大题共20小题，每小题1分，共20分）

1. C　2. D　3. A　4. D　5. C　6. A　7. A　8. B　9. B　10. A　11. D　12. A　13. D　14. D　15. A　16. A　17. A　18. A　19. D　20. B

二、多项选择题：下列每题至少有两个正确答案，错选或漏选均不得分（每题2分，共10分）

1. ABCD　2. AD　3. AC　4. BC　5. AB

三、填空题（本大题共9小题，每空1分，共20分）

1. 原生分生组织　初生分生组织　次生分生组织

2. 表皮　周皮

3. 不定根

4. 木栓形成层　栓内层

5. 皮层

6. 叶柄　叶片　托叶

7. 壳状地衣　叶状地衣　枝状地衣

8. 双悬果

9. 苔藓植物门　蕨类植物门　裸子植物门　被子植物门

四、名词解释（本大题共 5 小题，每小题 4 分，共 20 分）

1. 通道细胞：在根的内皮层细胞壁增厚的过程中，有少数正对初生木质部束的内皮层细胞的胞壁不增厚，仍保持着初期发育阶段的结构，这些在凯氏带上壁不增厚的细胞称为通道细胞（passage cell），起着皮层与维管束间物质内外流通的作用。
2. 二体雄蕊：雄蕊的花丝联合成两束，如扁豆、甘草等许多豆科植物的雄蕊共有 10 枚，其中 9 枚联合，1 枚分离；而紫堇、延胡索等植物雄蕊有 6 枚，每 3 枚联合，成两束。
3. 胎座：是胚珠在子房内着生的部位。
4. 蝶形花冠：由 5 离生花瓣构成，两侧对称花冠，向下覆瓦状排列，上部 1 枚在外，名旗瓣；两侧 2 枚多少平行，名翼瓣；下部 2 枚在内，名龙骨瓣。
5. 真果：是指单纯由子房发育而来的果实。

五、问答题（本大题共 4 小题，共 30 分）

1. 孢子体特别发达；胚珠裸露；具有颈卵器的结构；具有明显的异型世代交替现象；具多胚现象。
2. 表皮和周皮均为保护组织，对植物起保护作用，可防止植物遭受病虫的侵害及机械损伤，并有控制和进行气体交换，防止水分过度散失的功能。依其来源、形态的不同，又可分为初生保护组织（表皮组织）与次生保护组织（周皮），表皮组织分布于幼嫩的根、茎、叶、花、果实和种子的表面，常有根毛或气孔和毛茸。周皮为一种复合组织，由木栓层、木栓形成层、栓内层三部分组成。
3. 二体雄蕊是多枚雄蕊的花丝联合成两束，花药分离；二强雄蕊具有四枚雄蕊，两枚较长，两枚较短。
4. 木本植物木质茎从里到外依次是髓、木质部、形成层、韧皮部。木质部里有导管，起输送水分作用。形成层具有分裂能力；不断分裂形成新的木质部和韧皮部。韧皮部里有筛管，运输养分供植物生长。“老树中空”是指树的木质部或髓部分渐渐老死，树虽然空心了，但是木质部仍有一部分残存，尚具备向上运输水分的功能，故老树还能生存。而通过剥皮则将韧皮部及外方组织全部剥去，运输养分功能全部失去，因此植物会死亡。

《药用植物学》综合试卷（三）

一、单项选择题（本大题共 22 小题，每小题 1 分，共 22 分）

1. 不属于细胞器的是（　　）。

A. 溶酶体　　B. 质体　　C. 结晶体　　D. 液泡

2. 具有两个或两个以上的脐点、每一个脐点具有各自的层纹，外面还包有共同层纹的是（　　）。

A. 单粒淀粉　　B. 复粒淀粉

C. 半复粒淀粉　　D. 复粒和半复粒淀粉

3. 姜、菖蒲等具有的分泌组织是（　　）。

A. 油细胞　B. 油室　C. 油管　D. 树脂道

4. 凯氏带存在于根的（　　）。

A. 外皮层　B. 中皮层　C. 内皮层　D. 中柱鞘

5. 多数叶子腹面的绿色要比背面的绿色深一些，其主要原因是（　　）。

A. 上表皮含叶绿体多　B. 上表皮具角质层

C. 栅栏组织含叶绿体多　D. 海绵组织含叶绿体多

6. 以下属于颈卵器植物的是（　　）。

A. 低等植物　B. 菌类植物　C. 被子植物　D. 蕨类植物

7. 苔藓植物符合下述哪项条件（　　）。

A. 孢子体不能独立生活　B. 有真根　C. 为低等植物　D. 有种子

8. 糊粉粒是下列何种物质的一种储存形式（　　）。

A. 淀粉　B. 葡萄糖　C. 脂肪　D. 蛋白质

9. 根冠有助于根向前延伸发展是因为根冠外层细胞（　　）。

A. 易黏液化　B. 表面光滑　C. 表面坚硬　D. 角质发达

10. 下列为定根的是（　　）。

A. 主根　B. 侧根　C. 茎上形成的根　D. 叶上形成的根

11. 不属于高等植物的有（　　）。

A. 地衣植物　B. 蕨类植物　C. 苔藓植物　D. 裸子植物

12. 我国最早的一部药典是（　　）。

A.《神农本草经》　B.《本草纲目》

C.《新修本草》　D.《神农本草经集注》

13. 由单心皮发育而成，成熟时沿心皮一个缝线开裂的果实是（　　）。

A. 八角茴香　B. 菘蓝　C. 百合　D. 豌豆

14. 豆科植物花的雄蕊为（　　）。

A. 多体雄蕊　B. 二体雄蕊　C. 单体雄蕊　D. 聚药雄蕊

15. 下列药材来自唇形科的是（　　）。

A. 厚朴　B. 大黄　C. 紫苏　D. 天麻

16. 花被片 6 枚，排成 2 轮，内轮中间的 1 片为唇瓣，蒴果，种子极多，微小如尘的是（　　）。

A. 兰科　B. 姜科　C. 萝藦科　D. 菊科

17. 具托叶鞘的科是（　　）。

A. 豆科　B. 毛茛科　C. 蓼科　D. 苋科

18. 裸子植物不同于被子植物的主要特征为（　　）。

A. 多为木本　B. 多为草本

C. 心皮叶状展开，胚珠裸露　D. 心皮联合成子房，胚珠包藏于子房内

19. 具瓠果的科是（　　）。

A. 豆科　B. 毛茛科　C. 十字花科　D. 葫芦科

20. 植物的花程式中拉丁文字母缩写“C”表示（　　）。

A. 花被　B. 花冠　C. 花萼　D. 雄蕊群

21. 植物的双名法中，第一个词为（　　）。

A. 种名　B. 属名　C. 定名人　D. 种加词

22. 不属于葫芦科的植物有（　　）。

A. 苦瓜　B. 木瓜　C. 南瓜　D. 西瓜

二、填空题（本大题共 9 小题，每空 1 分，共 30 分）

1. 植物细胞区别于动物细胞的三大结构为__________、__________和__________。
2. 植物外部分泌组织有__________、__________、__________。
3. 叶序的类型一般有__________、__________、__________和__________四种。
4. 双子叶植物叶中常见的气孔轴式类型主要有__________、__________、__________、__________和__________五种。
5. 复叶的类型常见的有__________、__________、__________和__________。
6. 一种植物的完整学名包括__________、__________和__________三部分。
7. 地下茎的变态类型常见的有__________、__________、__________和__________四种类型。
8. 十字花科植物常有总状花序，__________雄蕊，雌蕊__________心皮合生形成角果。
9. 菊科植物是草本，__________花序，花的萼片常变成__________。

三、名词解释（本大题共 5 小题，每小题 4 分，共 20 分）

1. 根尖
2. 周皮
3. 花
4. 中轴胎座
5. 子实体

四、问答题（本大题共 4 小题，共 28 分）

1. 被子植物的主要特征是什么？（5 分）
2. 裸子植物的主要特征是什么？（5 分）
3. 地下茎的变态类型有哪几种？并各举例子。（8 分）
4. 叙述双子叶植物根的初生结构和双子叶植物茎的初生结构的异同。（10 分）

【参考答案】

一、单项选择题（本大题共22小题，每小题1分，共22分）

1. C　2. C　3. A　4. C　5. C　6. D　7. A　8. D　9. A　10. A　11. A　12. C　13. A　14. B　15. C　16. A　17. C　18. C　19. D　20. B　21. B　22. B

二、填空题（本大题共9小题，每空1分，共30分）

1. 细胞壁　液泡　质体
2. 腺毛　腺鳞　蜜腺
3. 互生　对生　轮生　簇生
4. 平轴式　直轴式　不定式　不等式　环式
5. 三出复叶　掌状复叶　羽状复叶　单身复叶
6. 属名　种加词　定名人
7. 根状茎　块茎　球茎　鳞茎
8. 四强（6枚）　2
9. 头状　冠毛

三、名词解释（本大题共5小题，每小题4分，共20分）

1. 根尖：根的顶端到根毛的区域，养分吸收运输区域。包括根冠、分生区、伸长区、成熟区。
2. 周皮：植物学的根皮在解剖学上指的是周皮，而根皮类药材是指形成层以外的所有组织，包括周皮和次生韧皮部。
3. 花：花是花芽发育而成，由花梗、花托、花萼、花冠、雄蕊群、雌蕊群组成。
4. 中轴胎座：是指合生心皮雌蕊，子房多室，胚珠着生于心皮边缘向子房中央愈合的中轴上的胎座。
5. 子实体：高等真菌在繁殖时期形成的能产生孢子的菌丝体。

四、问答题（本大题共4小题，共28分）

1. 孢子体高度发达；具有真正的花；胚珠被心皮所包被；具有独特的双受精现象；具有果实；具有高度发达的输导组织。
2. 孢子体特别发达；胚珠裸露；具有颈卵器的构造；具有明显的异型世代交替现象；具多胚现象；传粉时花粉直达胚珠。
3. 根状茎（人参、姜等），块茎（天麻、土豆等），球茎（山慈菇等），鳞茎（百合、洋葱）。
4. 相同之处：均由表皮、皮层和维管柱3部分组成，各部分的细胞类型在根、茎中也基本上相同，根、茎中初生韧皮部发育顺序均为外始式。

   不同之处：①根表皮具根毛、无气孔，茎表皮无根毛而往往具气孔。②根中有内皮层，内皮层细胞具凯氏带，维管柱有中柱鞘；而大多数双子叶植物茎中无显著的内皮层，茎维管柱也无中柱鞘。③根中初生木质部和初生韧皮部相间排列，各自成束，而茎中初生木质部与初生韧皮部内外并列排列，共同组成束状结构。④根初生木质部发育顺序是外始式，而茎中初生木质部发育顺序是内始式。⑤根中无髓射线，有些双子叶植物根无髓，茎中央为髓，维管束间具髓射线。根和茎的这些差异是由二者所执行的功能和所处的环境条件不同决定的。